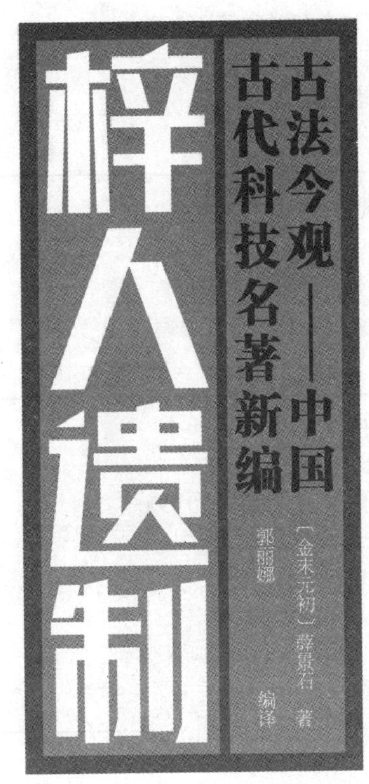

梓人遗制

古法今观——中国古代科技名著新编

〔金末元初〕薛景石 著

郭丽娜 编译

江苏凤凰科学技术出版社

图书在版编目（CIP）数据

梓人遗制 /（金）薛景石著 ；郭丽娜编译 . -- 南京：江苏凤凰科学技术出版社，2016.12
（古法今观 / 魏文彪主编 . 中国古代科技名著新编）
ISBN 978-7-5537-7398-8

Ⅰ. ①梓… Ⅱ. ①薛… ②郭… Ⅲ. ①木制品－生产工艺－中国－元代②《梓人遗制》－译文 Ⅳ. ① TS66

中国版本图书馆 CIP 数据核字 (2016) 第 263589 号

古法今观——中国古代科技名著新编
梓人遗制

著　　者	〔金末元初〕薛景石
编　　译	郭丽娜
项目策划	凤凰空间 / 翟永梅
责任编辑	刘屹立
特约编辑	翟永梅
出版发行	凤凰出版传媒股份有限公司 江苏凤凰科学技术出版社
出版社地址	南京市湖南路 1 号 A 楼，邮编：210009
出版社网址	http://www.pspress.cn
总　经　销	天津凤凰空间文化传媒有限公司
总经销网址	http://www.ifengspace.cn
经　　销	全国新华书店
印　　刷	北京市十月印刷有限公司
开　　本	710 mm × 1 000 mm　1/16
印　　张	10
字　　数	180 千字
版　　次	2016 年 12 月第 1 版
印　　次	2023 年 3 月第 2 次印刷
标准书号	ISBN 978-7-5537-7398-8
定　　价	38.00 元

《梓人遗制》主要介绍了古代车子和纺织机的功效、用材、时限，全书没有华丽辞藻，用朴实的语言揭示了当时的规律或方法。古代民间艺术多系世代家传，手工艺者靠手艺生活，因此都不愿意把手艺外传，而薛景石在《梓人遗制》中具体细致且毫无保留地将他的手工艺经验所得，详尽告白于世，能够让别的工匠效仿，这种开放无私的姿态即使在当今社会也值得人们称颂和赞扬。

虽然中国古代有很多手工业著作，比如《考工记》《天工开物》等，但均不如《梓人遗制》描述机具那样周详、具体、准确。为了更好地了解作者的写作意图和对中国古代木工技术有深切的了解，在编译的过程中，我们首先尊重原文，对原文进行了注释和翻译，并且增加部分篇章，对古车的发展历史、古代人力车的构建、古代织机的发展历史

《耕织图》（部分）

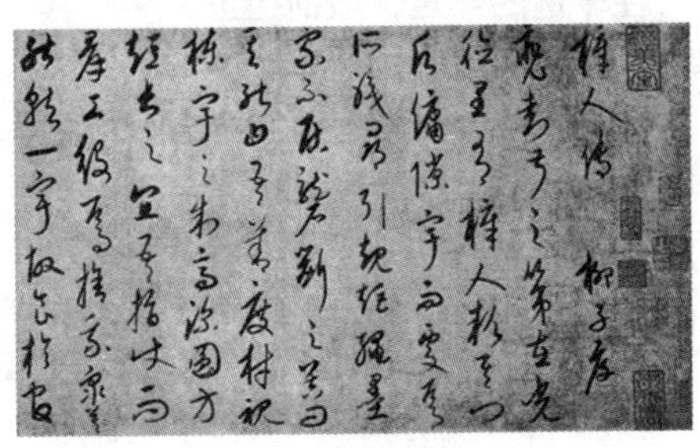

柳宗元《梓人传》

《耕织图》（部分）

和构建进行详细地解读，希望加深读者对古代木工的认识和理解，领会《梓人遗制》的历史价值和现实意义。

中国的文化博大精深，发扬和传承民族传统是后世的当务之急，本书只是从木工的角度探讨中国古代手工艺传统的复兴之道，启迪人们如何对待传统文化和传承文化的新思维。

本书在编译过程中受到了各方面专家和专业人士的帮助，在此表示感谢。但是鉴于各方面的原因，本书编译还存在一定的不足，敬请指正。

编译者

2016 年 11 月

永樂大典卷之一萬八千二百四十五 十八漾

匠 匠氏諸書十四

《永乐大典》

目录

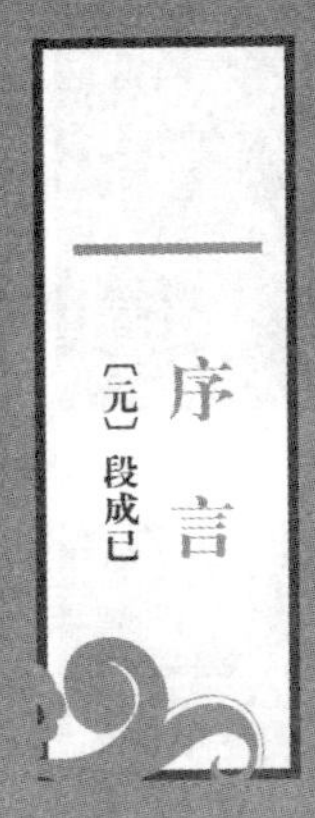

序言

〔元〕段成已

原典

工师之用远矣。唐虞以上，共工氏[①]其职也。三代而后，属之冬官[②]，分命能者以掌其事，而世守之，以给有司之求[③]。及是官废，人各能其能，而以售[④]于人，因之不变也。古攻木之工七：轮、舆、弓、庐、匠、车、梓，今合而为二，而弓不与焉。匠为大，梓为小，轮舆车庐。王氏[⑤]云：为之大者以审曲面势为良，小者以雕文刻镂为工。去古益远，古之制所存无几。

注释

①共工氏：古代掌管百工营建的官。

②冬官：官名，主管手工业及其工匠。

③以给有司之求：不同官职分别选派有才能的人掌管其事，制度和技艺世代相沿承袭，同时也让地方官府得以参照，设官分职，各有专司。有司，指地方官府。

④售：此处作“授”解，即传授。

⑤王氏：王安石、王昭禹或王与之，待考。

匠 人

工七之一：轮

工七之一：梓（风簸）

工七之一：舆

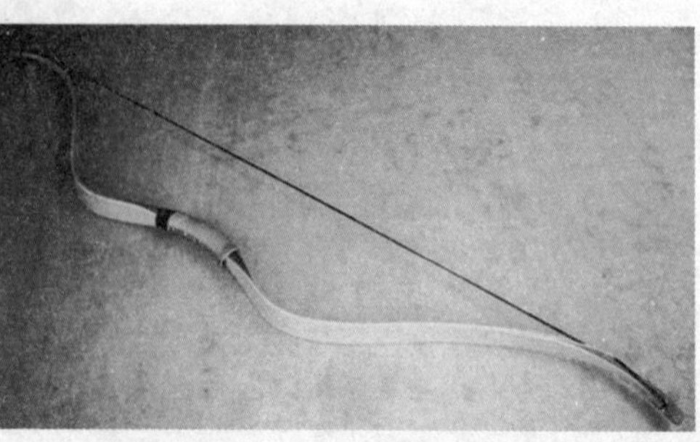
工七之一：弓

译文

工匠的任属使用很久远呢。尧帝、舜帝之前，共工氏就是此类官职。尧舜禹之后木工属于冬官掌管，分别选派有才能的人掌管其事，世代延承相续，同时让地方官府得以参照。到了春秋时期冬官废掉，有专长的人得以各显其能，从而技术能够传授他人，所以古代的木工技术就流传了下来。古代工匠中，木工有七种：专门制造车轮和弓形车盖的轮人；专门制造车厢的舆人；专门制造弓箭的弓人；专门制造戈、戟等兵器长柄的庐人；专门营造宫室、城郭和沟洫的匠人；专门制造大车、羊车和耕耒的车人；专门制造笋簴（悬挂钟磬的木架）、饮器和箭靶的梓人。宋元时期不同的七种木工，合并为匠、梓两种，弓人没有列在其内了。匠人是大木作，营造对象是建筑结构体，如柱梁构架及其构件；梓人是小木作，制造对象是轮、舆、车、庐以及习俗常用的家具、木构件、雕器等。王氏说：大木作擅长于审曲面势，小木作精工于雕文刻镂。宋元距离周代的时间很远，所以流传下来的传统木工规范也就寥寥无几了。

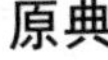

原典

考工一篇，汉儒捃摭残缺，仅记其梗概，而其文佶屈[①]，又非工人所能喻也。后虽继有作者，以示其法，或详其大而略其小，属大变故，又复罕遗[②]。而业是工者，唯道谋是用，而莫知适从。日者姜氏得《梓人攻造法》而刻之矣，亦复粗略未备。有景石者夙习是业，而有智思，其所制作不失古法，而间出新意，砻断余暇，求器图之所自起，参以时制而为之图，取数凡一百一十条，疑者阙[③]焉。每一器必离析其体而缕数之，分则各有其名，合则共成一器。规矩必度，各疏其下。使攻木者揽焉，所得可十九矣。既成，来谒文以序其事。

注释

①佶屈：佶通“诘”，曲折拗口意。

②罕遗：罕，难得；遗，残留。即留下来的很少。

③阙：同“缺”。

译文

《考工记》中《冬官》一篇，就以此书补之。两汉时期，虽经诸儒多次整理，但仍无法补全，仅记录了内容的梗概。况且《考工记》的文句艰涩生硬，不是普通工匠所能读懂的。后来纵然有人继续整理，用来参照《考工记》的做法，多数详细记述梗概而忽略了精巧的细节，此类记述梗概的文章，遗留下来的也是很少。从业木工的人，只能杂采众家之说，却不知道真正效法哪家。最近姜氏得到《梓人攻造法》，并且刻印，同样也是梗概。薛景石很早就立志从学木工这个行业，其心思聪慧，他所制作的木件效仿古法，偶尔也会在古法的基础上独创新意，他充分利用工余时间研究古代器物图画，考证其历史源起变迁，揣摩机械构造原理。参看当时做法绘成图，总共写了一百一十条，不清楚的地方宁可缺空放着，对于每一机具部件都经细致地分析、区别，说明其各不相同的构件形制，并逐一标注。散卸时各机件均有名称，组合时便可装配成完整的机具。各机具部件的方圆尺寸都经严格量测，并在各部件上逐一说明。使用研究木工的人阅读此书，能得到超过十分之九的真传。著书完毕，来信请我为书写作序言。

纺 纱

原典

夫①工人之为器，以利言也。技苟有以过人，唯恐人之我若而分其利，常人之情也。观景石之法，分布晓析，不啻②面命提耳而诲之者，其用心焉何如，故予嘉其劳而乐为道之。景石薛姓，字叔矩，河中万泉人。中统癸亥十二月既望稷亭段成己题其端云。

注释

①夫：发语词，无实在意义。

②不啻：不亚于。

译文

一般来说，古代手工艺人谈论制造器物这些事的时候，说话都会带有一定的功利性。如果有过人的技术，也会担心别人学得像自己一样好而失去了自己原有的优势，这是一般人的心态。观看景石所著木工之法，分析清楚明白，不亚于当面示范、诲人不倦地传授。他的用意真诚到什么程度了啊，因此为表彰他的做法很高兴为其宣传。景石姓薛，字书矩，今山西万荣县人，元世祖中统四年十二月十六日段成己在山西稷山为其作序。

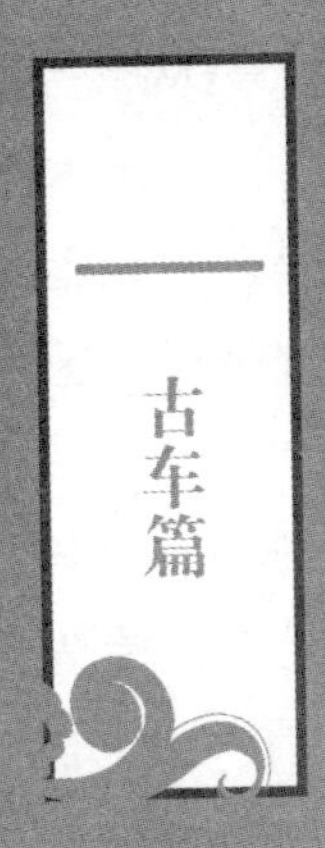
古车篇

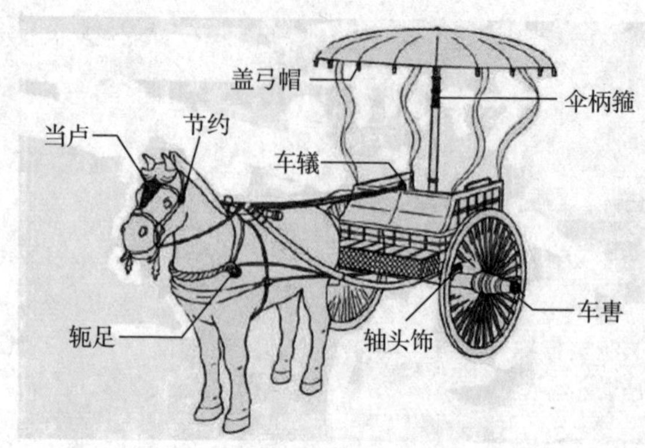

古代马车结构图

车辆的发展，追溯其渊源，是从原始社会开始的。人们在生产劳动实践中发现，将圆木置于重物下拖着走，可以省力，直径越大的木轮运输速度越快，于是圆木逐渐演变为带轴的轮子，这就是最早的车轮雏形。

最初的车辆用人力推动，称为人力车。后来人们开始用牛、马拉车，称为畜力车。传说相土发明了马车，王亥发明了牛车。

中国古代的马车多用于战争之中。一般为独辀（辕）、两轮、方形车舆（车厢），驾四匹马或两匹马。车上有甲士三人，中间一人为驱车手，左右两人负责搏杀。其种类很多，有轻车、冲车和戊车等。

战车最早在夏王启指挥的甘之战中使用。后来战争规模越来越大，战车逐渐成为战争的主力和衡量一个国家实力的标准，到春秋时用“千乘之国”“万乘之国”来彰显实力。

到了汉代，随着骑兵的兴起，战车逐渐退出了战争舞台。1980 年陕西临潼秦始皇陵西侧出土了一前一后纵置的两辆大型彩绘铜车。前面的一号车为

双轮、单辕结构，前驾四马，车舆为横长方形，宽 126 厘米，进深 70 厘米，前面与两侧有车栏，后面留门以备上下。车舆右侧置一面盾牌，车舆前挂有一件铜弩和铜镞。车上立一圆伞，伞下站立一名高 91 厘米的铜御官俑。其名叫立车，又叫戎车、高车，乘车时立于车上。

马车在中国已有三千多年的历史。古代的马车除了作为战争工具外，主要为皇室贵族出门乘坐，是权力与高贵的象征。秦汉马车的种类复杂、名目繁多，如皇帝乘坐的玉辂，皇太子与诸侯王乘坐的王青盖车、“金钲车”，行猎用的“猎车”，丧葬用的“辒辌车”，载猛兽或犯人的“槛车”等等。尽管类型众多、名称各异，但如果就乘者的姿势而言，还可以把所有的车分为站乘的高车和坐乘的安车两大类。

西汉初年，乘车时要行俯首之礼，

陕西临潼秦始皇陵西侧出土的彩绘铜车

秦代铜车马

宋代的马车

保持端正姿容，因此多立乘高车。至西汉中期后，统治者开始追求舒适与享受，坐乘才渐成风习。东汉以后，立乘就已基本销声匿迹了。

由于当时“贵者乘车，贱者徒行”，所以出门乘车与否彰显着人们的身份与地位。而乘哪种车、有多少骑吏和导从车，又表明了乘车者的官位大小。汉代不同等级的官吏都有相应的“座驾”。这些车虽然名称各异，但外形基本相似，有差别的只是构件的质地、车饰的图案、车盖的大小和用料、马的数量等。另外，除大小贵族和官吏本人乘坐的主车外，还规定了导从车和骑吏的数量。如三百石以上的官吏，前有三辆导车，后有两辆从车；三公以下至二千石，骑吏四人；千石以下至三百石两人。骑吏皆骑马佩剑在前开道。

近代的马车

五明坐车子

什么是『五明坐车子』

『五明』有两层意思，一是取佛教的五明说，即大五明（声明、工巧明、医方明、因明、内明）、小五明（指修辞、辞藻、韵律、戏剧、星象）。此五明，又名五明处，指的是佛教传教时要求教徒掌握的各种学问，这说明五明坐车子可能是规定由有一定身份地位或有学问的人乘坐；二是因为五明坐车子的车厢两侧各绘饰有五朵如意云纹，故名五明，这说明五明是寓意五明处的图形意象表达。

从五明坐车子的形制特征看，它可能源于辽时北方常见的奚车，奚车传为古代北方奚人造的大车，誉称『奚车』。元时，奚车也叫驼车，曾是官吏的专门用车。五明坐车子、驼车、奚车的形制大同小异。

驼　车

古画中的驼车

叙　事[①]

原典

《易系辞》[②]云，黄帝服牛[③]乘马，引重致远，盖取诸《随》[④]。

《释名》[⑤]曰，黄帝造舟车，故曰轩辕氏[⑥]。《世本》云，奚仲造车，谓广其制度耳[⑦]。《周礼·春官》，巾车掌公车之政令[⑧]，服车五乘[⑨]，孤乘夏篆[⑩]，卿乘夏缦[⑪]，大夫乘墨车[⑫]，士乘栈车[⑬]，庶人乘役车[⑭]。

天子的马车

译文

《易系辞》说，黄帝乘用牛马车，用车运输重物到远远的地方，大概出自于《随》篇章的记载。

《释名》中说，黄帝制造了船和车辆，因此叫轩辕氏。《世本》说，奚仲制造车辆，是改进和推广制造车辆的制度。《周礼·春官》中介绍，巾车掌握官车的调动使用权，供官府使用的车有五乘，帝王乘坐的是绘有五彩并雕刻花纹的车，卿乘坐的是有彩绘但无雕刻花纹的车，士乘坐的是没有皮革蒙面、仅以漆为之的车。平民的车主要用于劳动生产，所以称车为役车。

注释

①叙事：叙述事情，此处相当于叙述。

②《易系辞》：书名易，系属；辞，文辞。系辞，指系属在卦爻之下的文辞，即卦爻辞。《易传》以系辞为篇名，专指《系辞传》，其含义为系附在《周易》后面关于《周易》通论的文辞。

③服牛：服，用、驾之意，服牛即驾牛或用牛拉车。在《周易》中，乾为马，坤为牛。

④随：随者，顺也，出自于《周易》第十七卦“随泽雷随兑上震下”，有来马逐鹿之象，随遇而安之意。

⑤《释名》：书名，东汉刘熙著。《释名》与《尔雅》《方言》和《说文解字》历来被视为汉代四部重要的训诂学著作，在训诂学史上占有重要地位，

具有很高的学术价值。《释名》以辞音求义，来推究事物名称的由来。其中对彩帛、首饰、衣服、宫室、用器、车船等名物作了解释。

⑥ 黄帝造舟车，故号轩辕氏：传说黄帝制造了船和车辆，因此称作是轩辕氏。关于黄帝造车的类似记载还见于《易系辞传》《汉书·地理志》《历代帝王年表》等。《路史·轩辕氏》将古人“见飞蓬转而为车”的想象加入黄帝的传说之中，谓“轩辕氏作于空桑之北，绍物开智，见转风之蓬不已者，于是作制来车，梠轮璞，较横木为轩、直木为辕，以尊太上，故号曰轩辕氏”。《古今注·舆服》中更云：“黄帝与蚩尤战于涿鹿之野，蚩尤作大雾，兵士皆迷，于是作指南车，以示四方。”

⑦《世本》云，奚仲造车，谓广其制度耳：《世本》，书名，战国时史官所撰，记黄帝迄春秋时诸侯大夫的氏姓、世系、居、作等。原书约在宋代散佚，清代有雷学淇、茆泮林等辑本。奚仲，夏代的车正，《左传·定公元年》：“薛之皇祖奚仲，居薛，以为夏车正。”所以造车的时间应是夏代。战国晚期到汉代的文献如《世本》《墨子·非儒下》《荀子·解蔽篇》《吕氏春秋·君守篇》《淮南子·修务篇》《论衡·对作篇》《后汉书·舆服志》《说文解字》等皆有奚仲作车的记载。广其制度，《古史考》云：“黄帝作车，少昊驾牛，禹时奚仲驾马，仲又造车，广其制度也。”意思是黄帝发明最原始的车子，少昊驾牛，到禹时的奚仲则易牛为马，所以车的形制也做出了相应的改进，后来，奚仲又将马车的形制推而广之。

⑧ 巾车掌公车之政令：巾车掌握官车的调配使用权。巾车，官名，主车之官，为车官之长。公车，官车。

⑨ 服车五乘：供官府使用的车有五乘。古代称四匹马拉的车一辆为一乘。

⑩ 孤乘夏篆：帝王乘坐的是绘有五彩并雕刻花纹的车。孤，古代侯王的自称。夏，华彩。篆，雕刻的装饰线。

⑪ 卿乘夏缦：卿乘坐的是有彩绘但无雕刻花纹的车。卿，古代高级长官或爵位的称谓。西周、春秋时天子、诸侯所属的高级长官都称卿。战国时作为爵位的称谓。缦，无纹彩的帛。

⑫ 大夫乘墨车：大夫乘坐的是没有彩绘，但施以漆、蒙以革的车。大夫，古代官级，国君以下分卿、大夫、士三级，因此大夫也作中层官职之称。墨车，没有彩绘，但施以漆、蒙以革的车。

⑬ 士乘栈车：士乘坐的是没有皮革蒙面，仅以漆为之的车。

⑭ 庶人乘役车：平民以力役为事，所以称其所乘之车为役车。役车不限于载人，多以载物。

栈车

栈，又写作辗，是以竹木条编舆的篷车。《说文·木部》载：“栈，棚也，竹木之车曰栈。”这种车的形制是车舆较长，其上为卷篷（篾席），前后无挡，双直辕，驾一马，既载人又拉货，为民间运货载人之车。

栈 车

中国马车的历史

中国马车的起源一直是颇受关注却又悬而未决的问题。对此，学术界争论不休。中国学者有的持“马车中国本土独立起源说”，有的则持“外来说”，认为中国马车是来源于中西亚或欧亚草原。

其实，中国是最早使用车的国家之一。相传在4600年前的黄帝时代已经创造了车，当时的薛部落以造车闻名于世。《左传》中说薛部的奚仲担任夏朝的“车正”一职，主管战车和运输车的制造、保管和使用。

商朝时期，车的使用已经非常普遍。造车的技术也大大地提高，可以制造相当美伦美奂的两轮车了。

到了西周时期，车辆制造发生了重大的变革。河南浚县辛村周墓出土了12辆车，马骨竟是72架，说明当时已有六匹马拉的车。后到春秋战国时期，由于战争的需要，车辆制造业有了突飞猛进的发展。

秦统一六国后，实行“车同轨”制，还对车辆的制造和工艺提出了更高的要求。从秦始皇陵的兵马俑坑中出土的大量战车和兵俑中，反映出了早在我国2000多年前，秦国制造马车的工艺已上升到前所未有的精湛地步。

原典

挽拱[①]《周礼·冬官·考工记》云，国有六职[②]，百工与居一焉[③]。或坐而论道，谓之王公。天子诸侯作而行之，谓之士大夫。审曲面势，以饬五材[④]，以辨民器，谓之百工。通四方之珍异以资之，谓之商旅。饬力以长地财，谓之农夫。治丝麻以成之谓之妇功[⑤]，知者创物，巧者述之，守之世[⑥]，谓之工。百工之事，皆圣人[⑦]之作也。烁金以为刃[⑧]，凝土以为器[⑨]，作车以行陆[⑩]，作舟以行水[⑪]，此皆圣人之所作也。天有时[⑫]，地有气[⑬]，材有美[⑭]，工有巧[⑮]，合此四者，然后可以为良。

注释

①挽拱：《永乐大典》本作挽共，附注晚拱，挽同晚，意思是后来的，共疑为拱，耸起，隆起，弯曲成弧形，可能指有拱形造型部件的车，实际所指其义不明。“挽共”后面无句点，故疑为断文。

②六职：指人在当时的六种社会职别，即王公、士大夫、瓦工、商旅、农夫和妇功。

③百工与居一焉：手工艺人为六职之一。

④五材：金、木、皮、玉、土。

⑤妇功：女功、女纫，指织绣、缝纫等。郑玄注：“布帛，妇官之事。”

⑥知者创物，巧者述之，守之世：智慧出众的人创造事物，手艺高超的人继承发扬它，并世代相传。守，遵循、保持。郑玄注：“父子世以相教。”

⑦圣人：《书·洪范》：“聪作谋，睿作圣。”古人认为，圣仅次于神，能被称作圣的人，其一是事无不通者，其二是精通一事者。在儒家经典中，尧、舜、汤、文、武、周公、孔子有圣人之称。

⑧烁金以为刃：熔化金属将其制成刀剑。烁，通“铄”，熔化金属。

⑨凝土以为器：和泥拉胚制成器物。

⑩行陆：在陆地上行驶。

⑪行水：在水面上航行。

⑫天有时：自然界存在运行着的时序，如节气、寒暑等。

⑬地有气：自然的气是指能量的物理运动状态，一地有一地的气，如大气中的冷、热、干、湿、风、云、雨、雪、雾，在同一时间因方位不同也会有不同程度的表现，在不同时间里表现得更是千差万别，土脉刚柔也不相同。所以，《考工记》说：“橘逾淮而北为枳，鸲鸽不逾济，貉逾汶则死，此地气然也。”

⑭材有美：材料有美好的质表。

⑮工有巧：《说文》：“技也。”此处谓工巧的巧，除了表现技巧，应该还包含了艺术形象，意境的创造。

译文

《周礼·冬官·考工记》说，社会上有六种职业，手工艺人为六职之一，坐而论道的是王公，天子面前作而行的是士大夫，研究它的曲直大小，整治五材，用来做日常器具的是百工；用钱使四方物资流通的是商旅；使力在田野种植谷物使

牛 车

之生长的是农夫；用丝麻织绮、缝纫的是女工。智慧出众的人创造事物，手艺高超的人继承发扬它，并世代相传的就是工。百工之事，都是圣人的行为啊。熔化金属将其制成刀剑，和泥拉胚制成器物，制作车在陆地上行驶，制造船在水中航行，这也是圣人般的作为。自然界存在运行着的时序，一地有一地的气，材料有美好的质表，工有精美的技巧，融合这四个方面，这样的人才能称得上是优秀的工匠。

车的起源

《梓人遗制》中"五明坐车子"的"叙事"一节关于古车起源，征引了古文献中的传说，即有关黄帝造车和奚仲作车两说。根据确切的史料考证，黄帝造车是指黄帝发明最原始的车子，而用马驾车则是到奚仲时才开始的。

独轮车

由黄帝造车的传说来看，中国在新石器时代晚期即已发明车子，然而目前的考古发现并没见到车子的相关信息。鉴于这种不确定的可能性，著名的文物专家和考古专家孙机先生认为，中国新石器时代中出现的纺轮、陶轮，特别是琢玉用的轮形工具，在技术发展史上，都应属于车的直接或间接的前驱。

《史记》记载，大禹治水时，"陆行乘车"。相传夏代还设有"车正"之职，专司车旅交通、车辆制造。当时有一个叫奚仲的人，就曾担任过夏朝的车正，在其封地薛（今山东藤县）为夏王制造车辆，并"建其斿旄，尊卑上下，各有等级"（《续汉书·舆服志》）。可以推测，车子在夏代已相当普遍。虽然夏代车的实物至今尚未见到，难言其详，但从有实物可考的晚商的车制已较为完备这点来看，上述的推测是合乎事物由简到繁的发展顺序的。

奚仲造车

黄 帝

辇车

辇 车

《梓人遗制》介绍有五明坐车子、圈辇、靠背辇、屏风辇和亭子车，五明坐车子下列叙事、用材、功限，圈辇、靠背辇、屏风辇、亭子车四种仅为车形图，其中辇占多数，但相关文字介绍已经全部佚散。

在《辞海》中，“辇”的第一个义项是“人推挽的车”。在古代，推动车子前行的动力主要依靠畜力和人力两种。与畜力相比，人力车使用的情况相对要复杂。

《竹书纪年·夏后氏·帝癸》载：“迁于河南，初作辇。”意思是古代人用辇，开始于夏桀。《帝王世纪》谓夏桀“以人架车”，《后汉书·井丹传》亦谓“桀乘人车”，说明夏桀以人架车已为习常。行车，本可以畜力为之，而夏桀却要乘人力挽引之车，这应该是夏桀炫耀权贵的表现。夏代的这种辇，还有一个名称叫“余车”。

商代金文有“辇”字，出自辞文“其呼茵辇又正”。经考，辞文中的“茵”是商代战争队列中右队之长的称谓，“辇”指辇车，是茵乘坐的马车，而非专指人挽之车。但是，此处称辇不称车，是因为其确实又借用了人力。在古代，马车在行进中往往会因道途难行，需要人前挽后推，有时甚至是为了借用人的挽推，协力造势。如《周礼·地官·乡师》云：“大军旅，会同，正治其徒役，与其辇辇。”郑玄注：“驾马，辇人挽行。”《司马法》曰：“夏后氏二十人而辇，殷十八人而辇，周十五人而辇。”文中所谓的辇，指的就是这层意义。

原典

凡攻木之工七，攻金之工六，攻皮之工五，设色之工五，刮摩[①]之工五，搏埴[②]之工二，攻木之工，轮、舆、弓、庐、匠、车、梓。有虞氏上陶[③]，夏后氏上匠[④]，殷人上梓[⑤]，周人上舆[⑥]，故一器而工聚焉者，车为多[⑦]。车有六等之数[⑧]，皆兵车也。

注释

① 刮摩：摩，通“磨”。刮摩，琢磨器物，使之滑泽。

② 搏埴：搏，拍击。《四部备要》作抟，阮元《周礼注疏校勘记》作搏。埴，黏土，搏埴，以黏土制成陶器之坯。

③ 有虞氏上陶：有虞氏推崇制陶。有虞氏，最初是舜所在部落的名称。“虞”本是帝尧时掌山之官，即部落联盟中负责管理山林及山林中鸟兽的部落世袭公职名

称。中国上古有“以官为氏”的习俗，即以其在部落里所担任的公职名称为部落名称，故称其部落为“虞”或“有虞氏”。

在虞帝舜时，部落联盟向民族和国家发展，“虞”或“有虞氏”因此演变为朝代名称，如同夏后氏之称为夏朝。按先秦文献记载，有虞氏是中国历史上先于夏朝的第一个朝代，虽然这个朝代还带有若干部落联盟的痕迹。中国现存最古的一部史书《尚书》即以《虞书》为开篇。上，通“尚”，劝勉、崇尚。上陶，推崇制陶。郑玄注：“舜质，贵陶器，瓠，大瓦棺也。”

④ 夏后氏上匠：夏后氏推崇建筑木工。夏后氏，古史称禹受舜禅，建立夏王朝，称夏后氏，也称夏后或夏氏。夏后氏上匠，郑玄注：“禹治洪水，民降丘宅土，卑宫室，而尊匠也。”

⑤ 殷人上梓：殷商推崇制作日用器具的木工。殷，契封于商，至汤灭夏，因以商为国号。传至盘庚，迁都殷（今河南安阳），周人称为大邦殷，后来或殷商互举连称。殷人上梓，郑玄注：“汤放桀，疾礼乐之坏而尊梓。”

⑥ 周人上舆：指周代推崇车舆木工。武王灭商建周，都镐京（今陕西西安）至幽王，史称西周。周人上舆，郑玄注：“武王伐纣，疾，上下失其服饰而尊舆。”

⑦ 故一器而工聚焉者，车为多：做一件器物，使用工种最多的就是车。焉，犹言“于此”。

⑧ 六等之数：指车之方以像地，地有刚柔之分；盖之圆以像天，天有阴阳之别；人立车中兼备仁、义。故六等之数即指阴、阳、刚、柔、仁、义六数。

译文

一般来说，从事木工职业的有七种。从事于金属职业的有六种，从事于毛皮职业的有五种，从事于调色职业的有五种，从事于琢磨器物的职业有五种，从事于钻土制成陶器的有两种，从事于木工职业的有：轮、舆、弓、庐、匠、车、梓。有虞氏十分重视制陶，夏后氏十分重视建筑木工，殷人十分重视制作日用器具的木工，周代十分重视车舆木工。做一件器物，使用工种最多的就是车，有阴、阳、刚、柔、仁、义六数，都是战车。

车的发展演变

西周之后，在形制、结构方面继承了商的传统，以双轮独辀为主，战车和乘车无明显区别。但为了满足统治者追求舒适奢华的需要，在局部结构和装饰方面调整改进较多，如直衡改曲衡，辐数增多，舆上安装车盖，许多关键部位都采用铜构件等。到了春秋战国，由于战事的需要，战车开始向灵便轻巧、坚固耐用的方向发展，乘车则出现了更多不同的车型。秦汉之际，用于帝王公卿出行仪典的车辂形成完备的制度。

秦汉以后，由于骑兵的崛起，战车使用渐少，逐渐被淘汰出战场。与此同时，用于骑马的鞍具制作不断完备，弃车骑马开始成为王公显贵们的时尚行为。至魏晋时期，高级乘车大都由牛来驾挽，马车改用于运输货物为主，车的形制、结构则继承了西汉以来的传统，以双辕为主，辕装在车厢的两侧。汉晋几百年间，独轮车、记里鼓车和指南车的发明，在中国古代科学技术史上留下了光辉的一页。

原典

凡察车之道，必自载于地者始也，是故察车自轮始。凡察车之道，欲其朴属而微至[①]，不朴属，无以完久也。不微至，无以为戚速[②]也。轮已崇[③]，则人不能登也。轮已庳，则于马终古登陁也[④]。故兵车之轮六尺有六寸[⑤]，田车[⑥]之轮六尺有三寸[⑦]，乘车之轮六尺有六寸。六尺有六寸之轮，轵[⑧]崇三尺有三寸[⑨]也，加轸与轐焉，四尺也[⑩]，人长八尺，登下以为节[⑪]，故车有轮，有舆，有辀[⑫]，各设其人。

译文

大凡有人研究造车技术，一定要从着地的部件开始，也就是车的轮子。大凡研究造车之道，要让制成的车轮敦实坚固而且精致浑圆，不坚固没法长久，不浑圆就无法快速转动。轮子太高则人不容易上下；车轮太小，马拉吃力。因此战车的轮子六尺六寸，田车之轮六尺三寸，乘车之轮六尺六寸。六尺的车有六寸之轮，围成车厢的栏杆有三尺三寸，人高八尺，上下很适中。因此造车的轮、舆、辀，分别设立分工的人。

古代的战车

注释

①欲其朴属而微至：要让制成的车轮敦实坚固而且精致浑圆。郑玄注：“仆

属，犹附著，坚固貌也。”朴，犹言“敦实”。微至，郑玄注：“微至，谓轮至地者少，言其圆甚，著地者微耳。著地者微，则易转，故不微至，无以为戚数。”圆轮与地接触少，如同圆之相切。

② 戚速：快速。戚，通“促”，犹言“疾”“快”。

③ 轮已崇：轮子太高。已，太、过。崇，高。

④ 轮已庳，则于马终古登阤也：轮子太小，拉车的马就会很吃力，就像走不平的斜坡一样。庳，低矮。终古，郑玄注：“齐人之言终古，犹言常也。”犹言常常之意。阤，山坡。

⑤ 六尺有六寸：商周度制没有统一，所以仅河南一地出土商代牙尺、战国铜尺的单位长度均不相同，《考工记》所用尺度为“齐尺”，较周尺为小，《考工记》的齐尺每尺相当于今天米制的 19.7 厘米左右。所以，六尺有六寸，相当于现在的 130.02 厘米，130.02 厘米应该是指车轮的直径。古代车之大小，往往以马的大小高矮为度，马高则车高，马小则车小。

⑥ 田车：古代田猎用车。

⑦ 六尺有三寸：按周尺约合 124.11 厘米。

⑧ 轵：围成车厢的栏杆。《说文解字》注：“轵，輢之植者衡也，与轂末同名，轂末，即谓车轮小穿也。”商周的车轵为栏杆式，由车厢四周立柱和轸做支点，横向以一至三层被称作“轵”的木条连接组成。可见轵虽与轂末同名，但轵是轵，轂末是轂末。

⑨ 三尺有三寸：按周尺约合 65.01 厘米。

⑩ 加轸与轐焉，四尺也：轵的高度，再加上底架方木与车伏兔的高度，合起来为四尺。轸，郑玄注《考工记》曰：“轸，舆后横木也。”郑玄所指，是车厢底部围成四周的四根方木叫轸。戴震《考工记图》曰：“舆下四面材合而收舆谓之轸，亦谓之收，独以为舆后横者，失其传也。”指的是车厢由横木构成的底架称为轸。对照出土文物，当以戴震之说为准。轐，西周时出现的两块置于车轴上面、垫在左右车轸下的小枕木，形状为屐形或长方形木块。由于其状作兔伏于轴上，故又名伏兔。

⑪ 人长八尺，登下以为节：人高八尺，按周尺约合 157.6 厘米，以此作为参照系数取适度的比例。春秋以前，车軨一般都很低，高度在 35 至 45 厘米之间，这一高度用于乘坐尚属合理，因为汉以前习惯跽坐，双膝跪地时抬手握车軨，差不多就在这一高度。节，适度。

⑫ 辀：车的组成部件之一。辀在轸木以下，横向装轴或压在轴上面与轴连接，竖向伸出车厢前端以驾牲畜。辀有直木、曲木两种，功用与辕相同。一

般来说，在汉代以前牛车的辕称辕，为两根；马车的辕称辀，为单根。汉代以后或也有不同者。

单辕车各部分的名称

辀

为一根稍曲的圆木，长一般在2.8~3.2米之间。《左传》隐公十一年："公孙阏与颍考叔争车，颍考叔挟辀以走。"即指这种高而曲的车辀。辀和辕是同义词，其区别是单根称辀，双根叫辕。

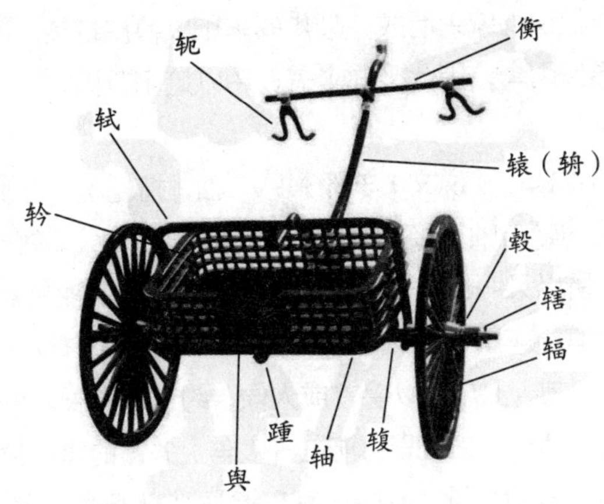

单辕车各部分的名称

衡

辀前端一根用以缚轭驾马的横木。周代车衡为曲衡，长度达2.5米。衡的正中部位装有"U"形构件。衡的两侧还装有四个"U"形铜环，用以穿马缰绳。

轭

驾马的人字形叉木。外表全部或局部包铜饰，轭首系在衡左右两侧，轭脚钩架于马颈上。骖马的轭不缚在衡上，而是直接架在马颈上。

銮

装于轭首上的铜制车饰物。其下部为方銎座，上部为扁球状的铜铃，铃上有放射状孔，内含弹丸。车行时振动作响，声似鸾鸟齐鸣，所以也可以写作"鸾"。一般车子只在轭首上装銮，共计四銮。高级的车子则除四个轭首上装銮以外，车衡上的四个轭顶也各装一銮，共为八銮。

车厢

又称“舆”，是乘人的部分。周车的舆较之商车的舆要大，一般能容乘三人。车厢平面皆为横置长方形，即左右宽广，进深较浅，车厢四周围立栏杆，名车軨。构成车軨的横木叫轵。车厢后部的輢留有缺口，即登车处。车身上拴有一根革绳，供乘者上车时手拉，名绥。贵族男子登车要踏乘石，妇女则踩几。车厢左右的軨因可凭倚，故又称輢。在立乘时，为了避免车颠人倾，在两边的輢上各安一横把手，名较，形如曲钩。车厢前端置一扶手横木，叫轼。这种横木，有的车三面皆有，形如半框。行车途中对人表示敬意即可扶轼俯首，这种致敬动作叫作“式”。车厢底部的四周木框叫轸，轸间的木梁称桄，桄上铺垫木板，构成舆底，名阴板。阴板上再铺一块席子，名车茵。早期茵席为苇草编织，晚期则用锦类丝织物编织而成，豪华的车则以兽皮铺垫。讲究些的车，舆上还立有车盖，形似雨伞，因此又称伞盖，用以遮阳避雨。

轴

用以安轮的圆木杠。《说文·车部》：“轴，持轮也。”横置在舆下，固定方法是在舆两侧的轸与轴交接部位，各安一块方垫木，名轐或輹，因为其形状像伏着的兔子，所以又叫伏兔。用革带缚结，以防舆、轴脱离。轴外为车毂，毂外的车轴末端套有铜车軎来固轴阻毂。軎呈圆筒状，上有穿孔，用以纳辖。辖俗称“销钉”，铜制，上端铸以兽首或人像，约三四寸长。车轮贯在轴端上，为防其外脱，就要用辖插入軎孔里。辖是古代车上关键的零部件之一，没有辖，车就不能行驶，故为保险起见，辖端还有车键，以穿革带，缚牢防其脱落。

轮

多用坚木制成，轮径多在 1.4 米左右。由毂、辐、辋等部件组成。毂是车轮中心有孔的圆木，中心孔名壶中，用以置轴。为了美观，毂上刻画有各种纹饰，称篆。由于毂是车轮上最吃力的部件，所以在其上加装金属饰件，用以固毂，套在毂两外端的铜帽名輨，嵌在毂壶中的金属管称辋。车轮的外圆框，是用两条直木经火烤后揉为弧形拼接而成。因此弯木称辕，两辕的接合处凿成齿状，以求坚固，所以辋又叫牙。牙边还装有铜锞，其上有孔，以细皮条穿绑，遂使牙木互相接牢而成一圆轮。毂与牙构成两个同心圆，其上均有榫眼，名凿，用以安辐。辐是连接毂和牙的木条，近牙一端较细，称骹，接毂一端较粗，名股。插入牙凿的辐榫叫蚤，装入毂凿的辐榫名菑。每个轮的辐条数按文献记载是“三十辐，共一毂”（《老子》），周车轮辐数，早期（西周）在 18 至 24 根之间，晚期（战国）除少数车达到 30 根以外，大多数轮辐仍是 26 根。毂、辋、辐是车轮的基本部件，而车的质量好坏就在车轮，所以对它们的质量要求很高。相传古人制毂用杂榆木，制辋用枋，制辐用檀木。

原典

轮人为轮，斩三材必以其时[①]，三才既具，巧者和之。毂[②]也者，以为利转[③]也，辐[④]也者，以为直指[⑤]也。牙[⑥]也者，以为固抱[⑦]也。轮敝[⑧]，三材不失职，谓之完[⑨]。

轮的起源

古人运送物品，最初主要靠背负肩扛或手提臂抱。进而采用绳曳法，即将绳子系在物品上用人力拉曳。但这种运输方法，物体着地面积大，因而摩擦阻力很大。为减少摩擦，后来利用树枝为架，两杈之间绑以横木，横木触地，其上载物，即所谓橇载法。但是这种木橇在平滑的地面上行进，还比较省力，如遇颠簸不平的路面时，仍很费力。古人进而把圆木垫在木橇之下，借其滚动而移动木橇。这种圆木与木橇的结合，可以说是车的雏形，装在木橇下的圆木可以视为一对装在车轴上的最原始的特殊形式的“车轮”，其车轴的直径恰好等于车轮的直径，而且两者是一个整体。这种车轮的出现，是人类在更高的阶段上对轮子功能的利用。

注释

① 斩三材必以其时：三种不同的木材必须在不同的时节里砍伐。砍伐三种不同的木材，是为了制作毂、辐、牙三种不同的车轮构件。郑玄注：“斩以时，材在阳，则中冬斩之；在阴，则中夏斩之。今世（汉代）毂用杂榆，辐以檀，牙以橿。”

② 毂：车轮上面位于车轮中心与轴配合使用的部件。毂外形像削去尖头的枣核，中空。孔径大处称“贤”，孔径小处称“轵”，即毂末。毂上凿有榫眼，用以装辐条。

③ 利转：有利于转动。

④ 辐：车轮中连接毂和轮圈的直木条，以带动轮子转动。辐条的两端有榫头，装入毂内的一头名“菑”，另一头名“蚤”。古代车轮的辐条从 18 至 30 根不等。

⑤ 直指：辐条两端插入毂及轮圈，装配得平直无偏倚。

⑥ 牙：古时称圆形的轮圈为轮牙，又名“辋”，由一根或几根木条经火烤后揉成弧形再拼接而成。

⑦ 固抱：抱合坚固。

⑧ 轮敝：轮子坏了。

⑨ 完：完好。

纺　轮

陶　轮

译文

制造轮子的只管制造轮子，制造轮子三种不同的木材，必须在不同的时节里砍伐。三种材料已经具备后，精巧的人把它们加工合成轮子。车轴有利于转动，车辐要装得平直无偏倚，车圈要抱合坚固。即使轮子坏掉，三构件仍完好，这样才被称作完美。

西安出土新石器时代的陶纺轮（直径6厘米）

车　轮

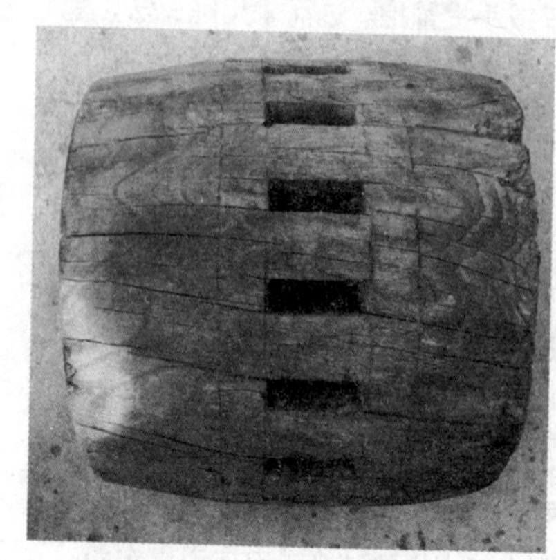
车　轴

双轮车的发展演变

双轮车辙所引发出来的是双轮车，那么，它的源头又在哪里呢？

公元前两千年前两河流域的双轮车子与商代晚期的车子相比较，两者之间存在着很多相似之处：

1. 均为单辕、双轮、一衡、一舆。
2. 舆与衡叠压相交，以革带绑缚连接。
3. 衡两侧各有一人字形车轭。
4. 辕与轴在车舆下垂直相交，舆位于轴的正中。
5. 车轮为辐条式，辐条两端分别插于牙和车毂之中。

6. 车轴两端各有一辖，用以固定车毂。

7. 使用青铜衡、镳、轭、辖等车马器。

8. 均主要用做战车。所以其间必有某种内在联系。

从哈萨克岩画上面的无辐车轮、嘉峪关黑山岩画的圆板状无辐车轮以及内蒙古阴山岩画、新疆阿尔泰岩画中的类似发现，可以窥见中亚细亚与新疆、蒙古的密切关系，以及西方马车向东方传布的历程。但是，问题在于目前还没有对这些岩画予以准确断代的具体方法。

原典

轮人为盖，上欲尊而宇欲卑①，则吐水疾而溜远②。盖已崇则难为门也③，盖已庳是蔽目④也，是故盖崇十尺⑤。良盖弗冒弗纮⑥，殷亩而驰⑦，不队⑧，谓之国工⑨。

盖（车顶）

译文

轮人作车盖，车盖上面的盖斗隆起要高，但是车盖的外缘要低，这样车盖吞吐雨水就快而远。如果车盖高大就难做车门，车盖太低则挡住视线，因此上盖十尺。好的车盖，盖斗不用蒙布，盖缘不用缀绳，在广阔的田野上面疾驰，不坠落，这就是所谓国家级技术。

注释

① 上欲尊而宇欲卑：车盖上面的盖斗隆起要高，但是车盖的外缘檐要低。尊，指盖斗上端隆起的高度。车盖有柄支撑，盖斗在盖柄顶端，呈圆形，常见直径约合周尺六寸，周围有孔，由盖弓嵌入撑开。宇，屋檐，这里指车盖的外缘。

② 溜远：指下注之水。溜远，谓雨水畅流则斜度必大，所以车盖的斜度是为雨水而设计的。

③ 盖已崇则难为门也：车盖太高就做不成门了。犹言车厢的顶盖不宜太高。

④ 蔽目：挡住视线。

⑤ 是故盖崇十尺：所以盖高以十尺为宜。十尺，按周尺约合 197 厘米，以人高八尺为度，留二尺余量作装饰用等，如果低于十尺，就容易挡住视线。

⑥ 良盖弗冒弗纮：好的车盖，盖斗不用蒙布，盖缘不用辍绳。冒，蒙于盖斗之布幕。纮，车盖周围连缀盖斗末缘的绳子。

⑦ 殷亩而驰：在广阔的田野上面疾驰。

⑧ 队：同“坠”，坠落。

⑨ 国工：国之良工。

指南车

在三国时期，有一位叫马钧的技术高明的大技师，他发明了指南车。指南车是一种双轮独辕车，车上立一个木人伸臂南指。只要一开始行车，不论向东或向西转弯，木人的手臂始终指向南方。在历代车辆发展过程中，指南车和记里鼓车有重要技术价值。体现了1700多年前我国车辆制造工程技术已达到的高度水平。

指南车

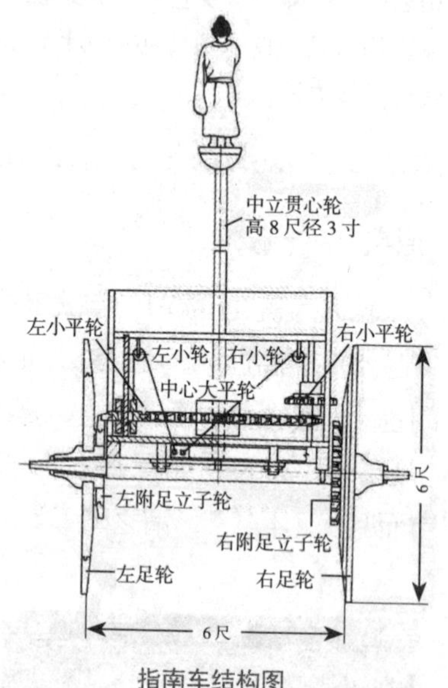

指南车结构图

原典

舆人为车，圜者中规①，方者中矩②，立者中县③，衡者中水，直者如生焉，继者如附焉④。

凡居材⑤，大与小无并⑥，大倚小则摧⑦，引之则绝⑧。栈车欲弇⑨，饰⑩车欲侈。

舆（两轮之间的车厢部分）

译文

工匠做车，圆的地方合乎圆规，方的地方合乎直尺，高立的地方不偏不倚，平的地方合乎水准，直的地方就像自然生长的一样，车的接合处如枝附干。

大凡材料的处理，大小不配，重要的地方用简单材料就容易坏掉，受力后就会折断。栈车讲究的是简朴，装饰的车讲究的是豪华。

注释

①圜者中规：圆的合乎圆规。圜，圆。中，适合于、吻合。规，校正圆形的用具，即圆规。

②矩：画直角或正方形、矩形的曲尺。

③县：同“悬”，悬绳。

④继者如附焉：车的接合处如枝附干。继，交接、连接。如附，如枝附干，意为紧密相连。

⑤凡居材：大凡材料的处理。谓处理车上的材料，要使其各得其所。

⑥大与小无并：大小不配。并，合一装配、偏邪相就。无并，不配。

⑦摧：毁坏。

⑧引之则绝：受力后就会折断。此指制车选材大小规矩要合适，否则会因为材料细小不堪受力而拉断。

⑨弇：简朴。

⑩饰：原文为“饬”，疑为饰之误，故用饰。

原典

辀人为辀，辀有三度[①]，轴有三理[②]。国马之辀，深四尺有七寸[③]。田马[④]之辀，深四尺，驽马[⑤]之辀，深三尺三寸。轴有三理，一者以为𡩋[⑥]也，二者以为久[⑦]也，三者以为利[⑧]也，是故辀欲颀典[⑨]。

辀深则折[⑩]，浅则负[⑪]。辀注则利，准则久[⑫]，和其安[⑬]。行数千里，马不契需[⑭]，终岁御，衣衽不敝[⑮]，此惟辀之和也[⑯]。轸之方也，以象地也，盖之圜也，以象天也，轮辐三十，以象日月也[⑰]，盖弓二十有八，以象星也[⑱]。

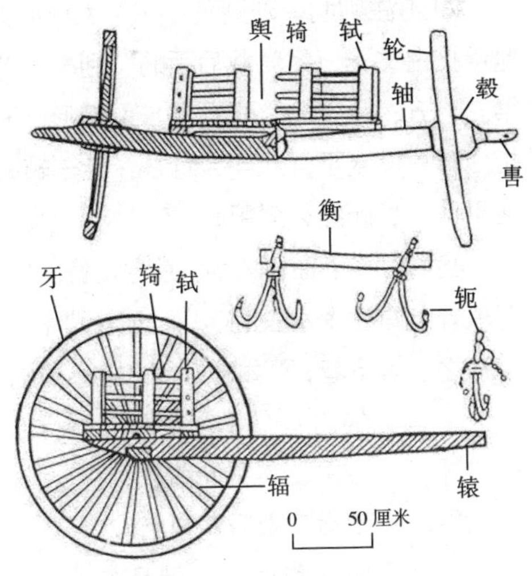

辀（车辕）各部分名称

注释

①三度：三种深浅不同的弧度。

②三理：三项质量指标，即美观、耐久、功能好。

③国马之辀，深四尺有七寸：国马的辀，纵长为四尺七寸。郑玄注：“国马，谓种马、戎马、齐马、道马，高八尺（按周尺约合 157.8 厘米）；兵车、

乘车，轵崇三尺三寸（按周尺约合 65.01 厘米），加轸与轐七寸（按周尺约合 13.79 厘米），又并此辀深，则衡高八尺七寸（按周尺约合 171 厘米）也。除马之高，则余七寸（按周尺约合 13.79 厘米），为衡颈之间。”四尺有七寸，按周尺约合 92.59 厘米。

④ 田马：田猎用的马。

⑤ 驽马：体能低劣的马。

⑥ 㦽：原文为微，疑为㦽之误。㦽，好、善，同“美”。郑玄注：“无节目也。”谓轴之美在于没有疤结。

⑦ 久：坚韧耐久。

⑧ 利：轴与毂的组合既滑又密。

⑨ 颀典：坚韧。

⑩ 辀深则折：车辕的弯曲度过大就会容易折断。

⑪ 浅则负：曲辕弧度不够，车体向上仰。《永乐大典》本原按：“楺之大深伤其力，马倚之则折也，楺之浅，则马善负之。”

⑫ 辀注则利，准则久：《考工记》原文：“辀注则利准利准则久。”《黄侃手批白文十三经》载后面的“利准”为衍文。注，指曲辕前段如“注星”的第一、五、六、七、八颗星，呈弧形。利，犹言“疾速”。准，书作“水”，指曲辕后段水平。此句大意是：若车辕的曲度深浅适中，行进时一定是既快速又平稳，故而经久耐用。

⑬ 和其安：曲直协调，必定安稳。《永乐大典》本原按：“准则水，注则利水，谓辕脊上两注令水去利也，一云注则利，谓辀之楺者形如注星则利也，准则久，谓辀之在舆下者，平如准则能久也，和则安，注与准者和，人乘之则安，云云。”

⑭ 马不契需：马不因伤蹄而缓行。契，开也，谓马蹄开裂而受伤。需，通“懦”，怯懦，谓畏而蹄软。

⑮ 衣衽不敝：衣服不曾磨破。

⑯ 此谓辀之和也：这就是车辀曲直设计得当的缘故。和，郑玄注：“和则安，是以然也。”

⑰ 轮辐三十，以象日月也：车轮的辐条有三十根，用以象征日月的运行。郑玄注：“轮象日月者，以其运行也；日月三十日而合宿。”

⑱ 盖弓二十有八，以象星也：车盖弓有二十八根，用以象征二十八星宿的星辰。贾公彦疏：“云以象星者，星则二十八宿，一面有七，角、亢之等是也。若据日月合会，于其处则名宿，亦名辰，亦名次，亦名房也，若不据会宿，即指星体而言星也。”

译文

制作辀的工匠制作车辀都知道，辀有三种深浅不同的弧度，有三项质量指标，国马车的料，长度一般为四尺七寸；田猎用的马车料，长度一般为四尺。低等马的车料，长度一般为三尺三寸。车轴有三个质量标准，好看美观、持久耐用、既滑又密，因此辀需要坚韧。

车辕的弯曲度过大就会容易折断，曲辕弧度不够，车体向上仰，若车辕的曲度深浅适中，行进时一定是既快速又平稳，曲直协调，必定安稳，即使行走数千里，马不因伤蹄而缓行，人的衣服也不会被磨坏，这就是车料曲直设计得当的缘故。车后轸木之方像大地，车盖之圆像苍天，车轮的辐条有三十根，用以象征日月的运行，车盖弓有二十八根，用以象征二十八星宿的星辰。

原典

周迁《舆服杂事》[①]曰，五辂两箱之后，皆用玳瑁鹍翅[②]。

石崇[③]《奴券》曰，作车以大良，白槐之辐，茱萸之辋[④]。

后梁甄玄成《车赋》云，铸金磨玉之丽，凝土刻木[⑤]之奇，体[⑥]众术而特妙，未若作车[⑦]而载驰尔。其车也，名称合于星辰，员方象乎天地[⑧]。夏言以庸之服[⑨]，周曰聚马之器[⑩]。制度不以陋移[⑪]，规矩不以饰异[⑫]。古今贵其同轨，华夷获其兼利。

造辋的材料：茱萸

后汉李尤[⑬]《小车铭》云，圜盖象天，方与则地，轮法阴阳，动不相离。

车之制自上古有之，其制多品，今之农所用者即役车耳。其官寮所乘者即俗云五明车，又云驼车，以其用驼载之，故云驼车，亦奚车之遗也。

造辐的材料：白槐

注释

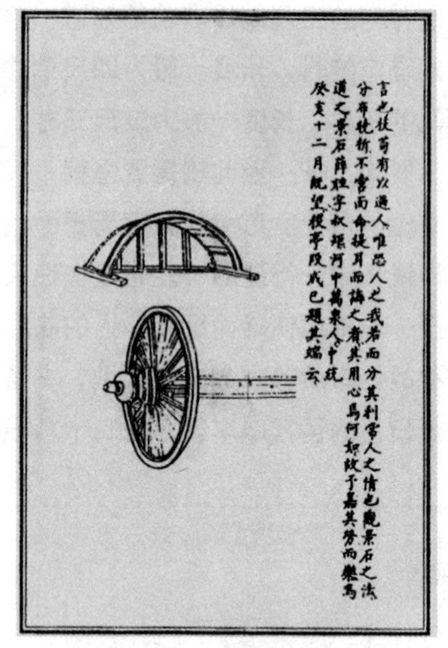
《永乐大典》记载的造车内容

① 周迁《舆服杂事》：即周迁《古今舆服杂事》，共十卷。

② 五辂两箱之后，皆用玳瑁鹍翅：《隋书》中“志第五·礼仪五”记载：“五辂两箱后，皆用玳瑁为鹍翅，加以金银雕饰，故俗人谓之金鹍车。两箱之里，衣以红锦，金花帖钉，上用红紫锦为后檐，青绞纯带，夏用簟，冬用绮绣褥。”五辂，玉、金、象、革、木，是为五辂。

③ 石崇：西晋文学家，字季伦。石崇年少敏慧，勇而有谋。二十余岁任修武县令。元康初年，石崇出任南中郎将、荆州刺史。在荆州劫掠客商，遂致巨富，生活奢豪。

④ 茱萸之辋：用茱萸木料制成的轮圈。茱萸，又名“越椒”“艾子”，是一种常绿带香的植物。茱萸有吴茱萸和山茱萸之分。《图经本草》云：“吴茱萸今处处有之。江浙蜀汉尤多。木高丈余，皮色青绿，似椿而阔厚，三月开花，红紫色，七月八月结实，似椒子，嫩时微黄，至成熟则深紫。”又《风土记》曰：“俗尚九月九日，谓之上九，茱萸到此日成熟，气烈色赤，争折其房以插头。”山茱萸为落叶乔木，清明时节开黄色花，“秋分”至“寒露”时成熟，核果椭圆形，红色。

⑤ 凝土剡木：抟泥雕木。剡，本意指削尖、锐利，引申为雕刻。

⑥ 体：体验。

⑦ 未若作车：不如乘车。作，同“坐”。

⑧ 员方象乎天地：圆方如同天地，即如天圆地方。员，同“圆”。

⑨ 夏言以庸之服：《夏书》说驾车行装要穿着简朴。

⑩ 周曰聚马之器：《周书》说车马具要集中管理。

⑪ 陋移：陋，狭小，简略。移，挪动，移交。意思指陋减承传。

⑫ 饰异：矫饰变异。

⑬ 李尤：字伯仁，广汉雒城人也。少年时就以文章闻名。

译文

周迁《舆服杂事》说：车五辂木与两箱之后，都用玳瑁翅装饰。

石崇《奴券》说：造车用好的木料，白槐木做辐，茱萸木做辋。

后梁甄玄成《车赋》说：铸造金子与磨石见玉的美丽，抟土削木的神奇，体验生活中众多方法虽然很奇妙都不如制作车辆而疾驰快乐。车的名字，与星辰一样，方圆似天地，《夏书》说驾车行装需穿着简朴，《周书》说车马具要集中管理。制车的规制没有太大改变，车子的样式没有矫饰变异。自古至今最重要的是车的大小统一了，各族人民享受到了车的各种好处。

后汉李尤《小车铭》说，圆盖好比天空，方轸好比大地，轮转动阴阳，虽运动也不阴阳相离。

车的制造与管理上古就有了，车的种类很多，现在务农农用车即过去役车罢了。当官的所乘的车即俗云五明车，又叫驼车，因为用骆驼拉车，因此叫驼车，也是奚车遗留下来的样子。

古代两款代表车型

用 材①

原典

造坐车子之制，先以脚②圆径之高为祖③，然后可视梯槛④，长广得所，脚高三尺至六尺⑤，每一尺脚，三尺梯，有余寸，积而为法⑥。

译文

制造坐车子的方法，先以车轮圆径的高为参照，然后可以考虑车的栏杆，长宽适度，车轮高三尺到六尺，每一尺的车轮高度，对应三尺围栏，有多余的尺寸，按照车轮与围栏的比例换算。

车 轮

注释

①用材：指制作过程中按工序先后依据功用量裁木料。

②脚：车轮，北方尤呼轮为车脚。

③祖：开始。谓造车最初的尺寸参照值。

④梯槛：槛，作栏杆、横木解。梯槛，形状像梯状，故名。谓五明坐车子的梯状底座，其作用如马车之轸。

⑤三尺至六尺：《梓人遗制》中的尺度用宋尺还是元尺，没有定论。但是《梓人遗制》成书在1264年，元朝定国号在1271年，灭南宋在1279年，虽说北方受蒙元势力影响，但度量衡的推行非一朝一夕之事，尤其民间推行更为不易。元代度量少用而多权衡量，因此，薛氏所用尺度依据宋尺的可能性极大。宋代尺度名目繁多，分常用官尺、礼乐尺、天文用尺、地区或民间用尺。木工用尺与布帛用尺又有所不同。总体来说，宋尺小而元尺大。采用宋尺常用标准31.4厘米。三尺至六尺，相当于今天米制的94.2厘米至188.4厘米。以下《梓人遗制》均用此尺度制换算。

⑥积而为法：采用若干个数相乘的方法。若干个数相乘的结果称为这些数的“积”，此处指按照轮和梯的对应比例累积得出结果。法，方法。

原典

车头[①]长九寸至一尺五寸[②]，径七寸至一尺二寸[③]。

译文

车毂的长度是九寸至一尺五寸，直径长七寸至一尺二寸。

注释

① 车头：即毂。

② 九寸至一尺五寸：约合28.26厘米至47.1厘米。

③ 七寸至一尺二寸：约合21.98厘米至37.68厘米。

古代的铜车毂

原典

辐长随脚之高径，广一寸五分至二寸六分[①]，厚一寸至一寸六分[②]。

译文

车辐长随着车轮的高度变化而变，宽一般是一寸五分至二寸六分，厚一般是一寸至一寸六分。

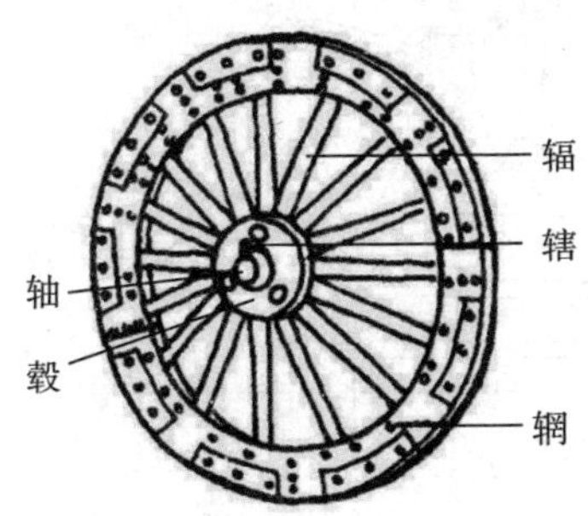

车轮各部分名称

古人锯木

注释

① 一寸五分至二寸六分：约合 4.71 厘米至 8.16 厘米。

② 一寸至一寸六分：约合 3.14 厘米至 5.02 厘米。

原典

造辋法，取圆径之半为祖，便见辋长短。如是十四辐造者，七分去一，每得六分，上却加三分[①]。十六辐造者，四分去一分，每得三分，却加一分八厘。十八辐造者，三分去一，每加前同。如是勾三辋[②]造者，料材便是辋之长，名为六料子辋。牙头各加在外。

辋厚一寸，则广一寸五分[③]，谓之四六辋[④]。减其广，加其厚，随此加减。

注释

① 如是十四辐造者，七分去一，每得六分，上却加三分：按十四辐车轮的制造方法，半径是七分，七分去一，取其六，上面再加余数十分之三。现假设车轮直径为六尺，轮围为十八尺八寸四分九厘六毫，其半径七分之六，为二尺五寸七分一厘六毫，再加余数十分之三，即为辋长。将轮围除以辋长，得数刚

译文

制造车轮框子的方法，从车轮半径开始，就可以显示车轮框子的长短，如果是十四条车辐条的制造，半径是七分，七分去一，取其六，上面再加余数十分之三。如果是十六条车辐的制造，半径是四分，四分去一，取其三，上面再加一分八厘。如果是十八条车辐的制造，三分去一，上面加数和前面相同。如果是载重车制造，料材就是轮框之长，名字就叫六料子车，榫头夹在外面。

轮框厚一寸，则宽增加一寸五，这就叫四六轮框，降低宽度，增加厚度，按此比例。

锯木图

好是七辋，即每辋安装二辐，与现在的形制相同，说明古人并没有杜撰。其加余数之法，系以大木推山的方法。大木是指建筑物一切骨干木架的总名称，大小形制有两种，有斗拱的大式和没有斗拱的小式。在结构上可以分作三大部分：竖的支重部分——柱、横的被支的部分——梁、桁、椽及其他附属部分，还有两者间过渡部分斗拱。推山，即庑殿，宋称四阿，建筑屋顶的一种特殊手法，由于立面上需要将正脊向两端推出，从而四条垂脊由倾斜直线变为柔和曲线，并使屋顶正面和山面的坡度与步架距离都不一致。诠释原文，竟然如此吻合，又可证明大小木原则。

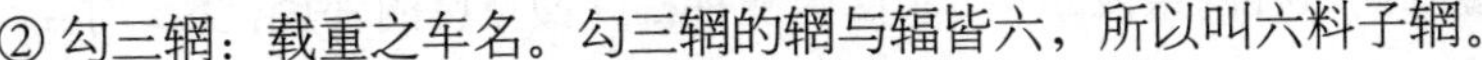

② 勾三辋：载重之车名。勾三辋的辋与辐皆六，所以叫六料子辋。

③ 一寸五分：约合 40.16 厘米。

④ 四六辋：辋厚宽四六之比，与《营造法式》载，梁之切面相同。《营造法式》卷五：“大木作制度，凡梁之大小，各随其广，分为三分，以二分为厚，广即梁高，与此同。”

原典

梯槛取前项脚圆径之高，随脚高一尺①，辕梯共长三尺②有余寸，安轴处广三寸半至六寸③。山口④厚一寸五分至二寸二分⑤，山口外前梢于鹅项，后梢于尾榥，积而为法。

注释

① 一尺：约合 31.4 厘米。

② 三尺：约合 94.2 厘米。

③ 三寸半至六寸：约合 10.99 厘米至 18.84 厘米。

④ 山口：夹辕梯外侧的片状木板。

⑤ 一寸五分至二寸二分：约合 4.71 厘米至 6.91 厘米。

译文

车围栏取前面车轮圆径之高参照，比车轮高一尺，车围栏共长三尺多，按车轴处宽三寸半到六寸。夹辕梯外侧的片状木板厚一寸五分至二寸二分，夹板外前长到鹅顶，夹板后面到车尾榥，各车夹板大小按此比例。

原典

义榥①二条或四条，长随梯槛广之外径，广二寸至一分②，厚寸五分至一寸九分③，上平地出心线压白破棍④，夹卯擀⑤向外。子榥二条或四条，随大义棍之长广，与前大义棍同厚一寸至一寸二分[⑥]，两边各斜破棍向下，上压白，各开口嵌散水棂[⑦]，棂子两头凿入大义棍之内。底版棍[⑧]四条至六条，长随义棍，广一寸六分至二寸[⑨]，厚一寸至一寸一分[⑩]。后露明尾棍[⑪]长随梯之内，方广一寸二分至一寸六分[⑫]，从心梢向两头，六瓣破棍[⑬]。底版长随两头里义棍，广随两梯之内，厚五分至六分[⑭]。

译文

梯槛两侧木杆两条或四条，长度跟随梯栏外面宽度的外径，宽二寸至一分，厚度一寸五分到一寸九分，向上平地出心线压白破棍棍，夹在卯中彰显在外。子棍二条或四条，随大义棍之长宽，与前大义棍同厚一寸至一寸二分，两边各斜破棍向下，上压白，各开口嵌散水棂，棂子两头凿入大义棍之内。底版棍四条至六条，长度随义棍，宽度一寸六分至二寸，厚度一寸至一寸一分。后露明尾棍长随梯之内，方宽一寸二分至一寸六分，从心梢向两头，六瓣破棍。底版长随两头里义棍，宽随两梯之内，厚五分至六分。

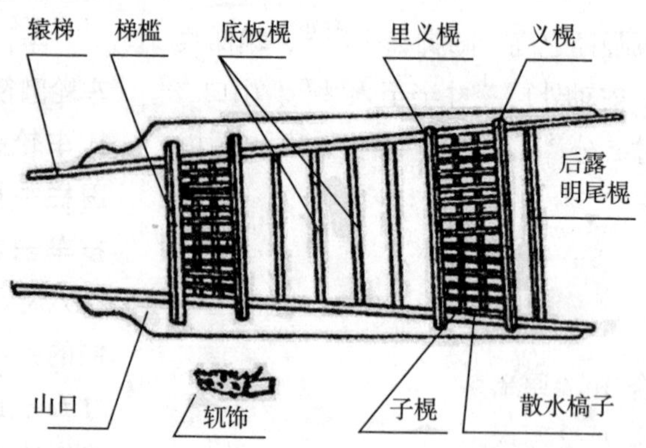

五明坐车子底板图释

注释

① 义棍：五明坐车子的梯槛搁于辕梯上，梯槛两侧木杆叫义棍。依据车前后位置，后梯槛的外侧木杆叫义棍，内侧木杆叫里义棍。

② 二寸至一分：约合 6.28 厘米至 0.31 厘米。

③ 寸五分至一寸九分：寸五分、疑为一寸五分至一寸九分，约合 4.71 厘米至 5.97 厘米。

④ 棍：《永乐大典》本原作混，疑为棍误，故改为棍。下同。

⑤ 撺：扔、去，谓突显在外。

⑥ 一寸至一寸二分：约合 3.14 厘米至 3.77 厘米。

⑦ 散水棂：梯槛上面的横格子条木。

⑧ 底版棍：连接两辕梯间的位于中间的两根直木。

⑨ 一寸六分至二寸：约合 5.02 厘米至 6.28 厘米。

⑩ 一寸至一寸一分：约合 3.14 厘米至 3.45 厘米。

⑪ 后露明尾棍：后露明尾棍是半压于辕梯上的直木。今制略同。

⑫ 一寸二分至一寸六分：约合 3.77 厘米至 5.02 厘米。

⑬ 六瓣破棍：《永乐大典》本原注，俗谓之奴婢木俑。

⑭ 五分至六分：约合 1.57 厘米至 1.88 厘米。

原典

耳版①随梯槛之外两壁棍，上广三寸至五寸②，厚六分至一寸③，前加广与后头方停④，或梢五分八分⑤。

译文

底板之宽度随两梯辕内径大小，上宽三寸至五寸，厚六分至一寸，前加宽与后头一样宽，有的加五分八分。

注释

① 耳版：底板之宽度随两梯辕内径，所以梯辕及山口之上另附耳版。耳版，即两侧的意思。

② 三寸至五寸：约合 9.42 厘米至 15.7 厘米。

③ 六分至一寸：约合 1.88 厘米至 3.14 厘米。

④ 前加广与后头方停：梯槛前窄后宽，所以耳版前部要加阔，而使后头呈方形。

⑤ 五分八分：约合 1.57 厘米至 2.51 厘米。

原典

楼子地栿木①，随梯槛大小用之，材方广一寸八分至二寸二分②，厚则减广之厚，长随前后子义棍之外，广则与耳版两边上同齐，或减五分③向里至六分④，两下破瓣压边线。横棍⑤夹卯撺向外。

注释

① 楼子地栿木：栿同伏，车厢以下左右侧横木，置于耳版上面。楼子，犹言车厢。

② 一寸八分至二寸二分：约合 5.65 厘米至 6.9 厘米。

③ 五分：约合 1.57 厘米。

④ 六分：约合 1.88 厘米。

⑤ 横棍：车厢下面前后两根直木。

译文

车厢以下左右侧横木，随梯槛大小用之，材宽一寸八分至二寸二分，厚则减宽之厚，长度随前后子义棍之外径，宽度则与耳版两边上同齐，或减五分向里至六分，两下破瓣压边线。横棍夹卯彰显向外。

原典

立柱[①]一十二条至一十八条，径方广一寸至一寸二分[②]，圆棍梢向上。前头两角立柱，高三尺五寸至四尺二寸[③]。后头两角立柱，比前角立柱每高一尺[④]，则减低二寸有余[⑤]。心内立柱加高谓之龟盖柱[⑥]。

译文

地栿木上面的竖杆有一十二条至一十八条不等，直径厚一寸至一寸二分，圆棍梢向上。前头两角立柱，高三尺五寸至四尺二寸。后头两角立柱，比前角立柱每高一尺，则减低二寸有余。心内立柱加高谓之龟盖柱。

注释

① 立柱：位于地栿木上面的竖杆。

② 一寸至一寸二分：约合 3.14 厘米至 3.77 厘米。

③ 三尺五寸至四尺二寸：约合 109.9 厘米至 131.88 厘米。

④ 一尺：约合 31.4 厘米。

⑤ 减低二寸有余 ：车盖前高后低，有利于雨天落在车盖上的水顺着往下流，前后高低约相差二寸多。二寸，约合 6.14 厘米。

⑥ 龟盖柱：车盖形如龟盖，由立柱撑起，中略高而四周低。

原典

平子格[①]，长随地栿木之长，广随两头横之外，材广一寸八分至二寸[②]，厚八分至一寸二分，两下通棍。

注释

① 平子格：车厢两侧遮挡用窗格。

② 一寸八分至二寸：约合 5.45 厘米至 6.28 厘米。

译文

车厢两侧遮挡用窗格，长度随地栿木之长，宽随两头横木之宽，材料宽一寸八分至二寸，厚八分至一寸二分，两个下面通一根木棍。

原典

荷叶横杆子[①]，径方广一寸至一寸二分[②]。

译文

月梁子，直径宽一寸至一寸二分不等。

注释

①荷叶横杆子：又谓之月梁子。荷叶横杆子用以承托车盖顺脊杆子，其中部随盖形，向上微曲，故又称月梁子。

②一寸至一寸二分：约合3.14厘米至3.77厘米。原注，剜刻在外。

原典

顺脊杆子五条，随楼子前后之长，径方广[①]与荷叶杆子同。

注释

①径方广：长粗。

译文

顺脊杆子有五条，随车厢的长度，长粗与荷叶杆子同。

原典

沥水版[①]随两边杆子，之长广二寸二分四分[②]，厚五分[③]。荷叶沥水版[④]，随荷叶横桿子之长，径广厚随沥水版同。

译文

车檐的风雨板随两边杆子之长，宽二寸二分四分，厚五分。于本盖前后的荷叶状的沥水板，随荷叶横杆子之长，径宽厚随沥水版厚度的大小。

注释

①沥水版：车檐的风雨板，在车盖左右侧。

②广二寸二分四分：约合0.91厘米和1.26厘米。疑有误。

③五分：约合1.57厘米。

④荷叶沥水版：指置于车盖前后的荷叶状的沥水板。

原典

水版[①]，长广随立柱平格下用之版，厚四分至五分[②]，四周各入池槽下凿入地栿木之内，上下方一尺[③]。

译文

栏板，长广按照立柱平格下用的板的大小，厚四分至五分，四周各入池槽下凿入地栿木之内，上下留一尺。

注释

① 水版：俗称裙栏板。

② 四分至五分：约合 1.26 厘米至 1.57 厘米。

③ 一尺：约合 31.4 厘米。

原典

箭杆木[①]，后格上下串透圆混，径广五分[②]。

译文

箭杆木，在裙栏板后平格子上，粗细在五分。

注释

① 箭杆木：又谓之明卤木。箭杆木系车左右直槅，在裙栏板后平格子上。

② 五分：约合 1.57 厘米。

原典

护泥[①]随车脚圆径之外，离二寸二分至一寸五分[②]，广七寸至八寸[③]。下顺者地栿木，两头横者靴头木[④]，径方广一寸六分至二寸[⑤]。

注释

① 护泥：即挡泥板。

② 二寸二分至一寸五分：约合 6.91 厘米至 4.97 厘米。

③ 七寸至八寸：约合 21.98 厘米至 25.12 厘米。

④ 靴头木：又谓之八字木。护泥板半弧形木的底脚横档。

⑤ 一寸六分至二寸：约合 5.02 厘米至 6.28 厘米。

译文

挡泥板随车轮圆径之外，距离车轮二寸二分至一寸五分，宽七寸至八寸。向下下顺的是地栿木，两头横的是八字木，直径在一寸六分至二寸。

原典

地栿木上下立者月版棍[①]，棍之外月版，版前露明者月圈木，月圈上横棍木，棍上罗圈版凿入靴头木之内，罗圈版上两边各压圈楞枝条木[②]。

注释

① 月版棍：立于护泥地栿木上面的直木。

② 圈楞枝条木：位于护泥板底脚横档中间，用于压固罗曲板。

译文

地栿木上下立者立于护泥地掖木上面的直木，棍之外直木，直木前露外明的月圈木，月圈上横棍木，棍上罗圈版凿入靴头木之内，罗圈版上两边各压圈加固木。

原典

托木棍[①]两条，长随梯槛横之外，上坐护泥靴头木，外同集径[②]，广一寸八分至二寸四分[③]，厚八分至一寸二分[④]。

译文

托木棍有两条，长比梯槛横长，上坐护泥靴头木，外同护泥板宽，宽一寸八分至二寸四分，厚八分至一寸二分。

注释

① 托木棍：俗谓之棍察木，托木棍用以固定护泥，在靴头木下。

② 外同集径：外，外侧，“集”字可能误写，实应指护泥。外同集径，即外侧宽与护泥宽径相同。

③ 一寸八分至二寸四分：约合 5.65 厘米至 7.53 厘米。

④ 八分至一寸二分：约合 2.51 厘米至 3.77 厘米。

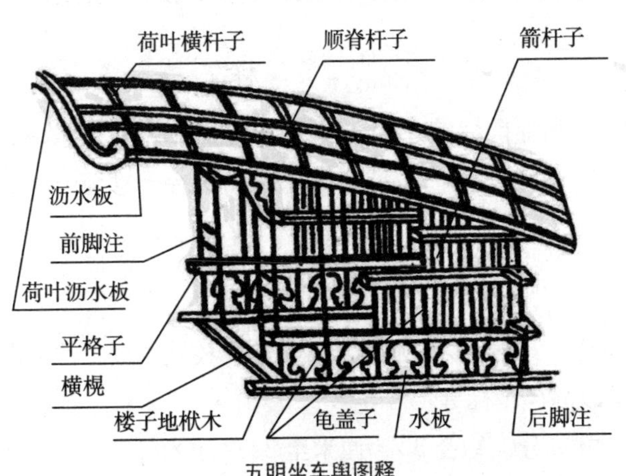

五明坐车舆图释

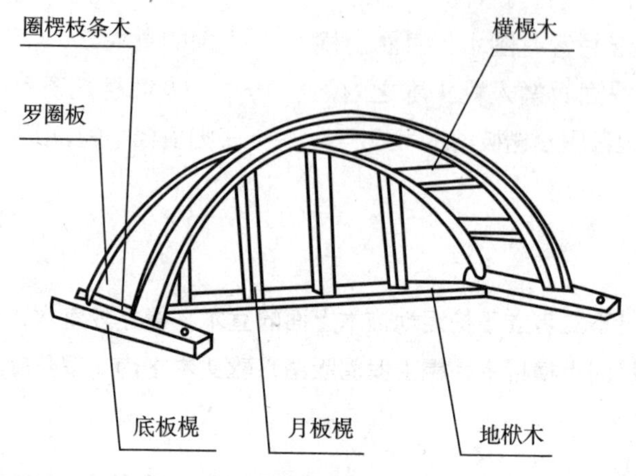

五明坐车子护泥图释

原典

车轴[①]长六尺五寸至七尺五寸[②]，方广四寸至四寸八分[③]。

译文

车身横梁长六尺五寸至七尺五寸，方宽四寸至四寸八分。

注释

① 车轴：车身横梁，上承车舆，两端套上车轮。

② 六尺五寸至七尺五寸：约合208.1厘米至235.5厘米。

③ 四寸至四寸八分：约合12.56厘米至15.07厘米。

原典

呆木[①]三条，高随前后辕之平，圆径一寸至一寸二分[②]。

译文

三脚木有三条，高随前后辕相同，圆径一寸至一寸二分。

注释

① 呆木：原注："俗谓之三脚木。"朱启锋校刊本按："呆木支撑辕梯，停车时用它，所以高与辕相等。"

② 一寸至一寸二分：约合3.14厘米至3.77厘米。

原典

义杆二条，是柱楼子前虚檐[①]，圆径一寸至一寸四分[②]。

译文

固定檐子义杆有两条，是柱车厢前虚檐，圆径一寸至一寸四分。

注释

① 柱楼子前虚檐：车盖前部引出颇长，可能是用义杆固定。

② 一寸至一寸四分：约合 3.4 厘米至 4.4 厘米。

原典

后圈义子[①]，长广随楼子后两角立柱之广，高一尺二寸至一尺四寸[②]。

译文

车厢后横栏，长宽比车厢后两角立柱宽，高一尺二寸至一尺四寸。

注释

① 后圈义子：原注："俗谓之狗窝。"朱启钤校刊本按："后圈义子即车厢后横栏，与左右平格子同一意义，其长随后角柱间距离而定。"

② 一尺二寸至一尺四寸：约合37.68厘米至43.96厘米。

原典

辟恶圈[①]于楼子门前用之[②]，下是地栿木，上是立榛子，内用水版，四周各入池槽，上安口圈木[③]，长随前月版[④]，广随楼子前两角立柱，高一尺二寸至一尺三寸[⑤]。

译文

车厢后横栏位于车厢门前的地方，下面是地栿木，上面是立榛子，里面是水版，四周各入池槽，上安口圈木，长随前月版，宽随车厢前两角立柱，高一尺二寸至一尺三寸。

注释

① 辟恶圈：即车前的围栏。

② 于楼子门前用之：原文"辟恶圈于楼子门前用度"，"度"疑为"之"之误，故改之。

③ 口圈木：即轼，古代车厢前面用做扶手的横木。

④ 前月版：即轨，车前掩板，在轼之前，与轸前后相对。

⑤ 一尺二寸至一尺三寸：约合37.68厘米至40.82厘米。

原典

结头一个，长随前辕鹅项锎之长，广二寸至二寸五分[①]。

注释

①二寸至二寸五分：约合6.28厘米至7.85厘米。

译文

有一个结头，它长随前辕鹅项锎的长，宽约合二寸到二寸五分。

原典

凡坐车子制度内，脚高一尺[①]，则楼子门立柱外向前虚檐引出八寸五分至一尺[②]。其后檐随脊杆子之长，如脊杆子长一尺，则向后檐立柱外引出一寸至一寸二分[③]，增一尺更加减则亦如之[④]。两壁檐减后檐之一半。

其车子有数等，或是平圈，或是靠背辇子平顶楼子上攒荷亭子，大小不同，随此加减。

注释

①一尺：约合31.4厘米。

②八寸五分至一尺：约合21.69厘米至31.4厘米。

③一寸至一寸二分：约合3.14厘米至3.77厘米。

④增一尺更加减则亦如之：原注："长一丈引出一尺至一尺二寸。"

译文

大凡坐车子制度内，轮子高一尺，则车厢门立柱外向前虚檐引出八寸五分至一尺。其后檐随脊杆子之长，如脊杆子长一尺，则向后檐立柱外引出一寸至一寸二分，增减一尺按比例增减。两边壁檐减后檐之一半。

其车子很多种类，有的是平圈，有的是靠背辇子平顶楼子上攒荷亭子，大小不同，随此加减。

车轮和车厢

功 限①

古画中的工匠

原典

坐车子一辆，脚楼子梯槛护泥杂物等相合完备皆全，高三尺②脚者四十功，高四尺③者五十四功，五尺④者八十七功。

注释

① 功限：功，通“工”，工作量，限，限度，指定的范围。功限，即工作量的限定，工时估算。

② 三尺：约合 92.4 厘米。

③ 四尺：约合 125.6 厘米。

④ 五尺：约合 157 厘米。

译文

做一辆车子，轮子、车厢、栏杆、挡泥板等组合完备才算做完成，三尺高轮子的车 40 个工时，四尺高轮子的车 54 个工时，五尺高轮子的车 87 个工时。

人力车、辇图说

《梓人遗制》中的辇不同于单纯以人力行进的步辇或轿而是依靠畜力牵拉为主，辅助以人力挽推的车辇。这种车辇虽然从商周开始就已经有使用的记载，但与《梓人遗制》中相仿的车辇则从魏晋以后才开始常见起来，并一直延续到明清。

亭子辇

靠背辇

屏风辇

圈　辇

马具

马具是指系驾马车的工具，分为鞍具和挽具。鞍是鞍辔的统称，挽具则是指套在牲畜身上用以拉车的器具。对于一辆快马轻车来说，鞍具、挽具的齐全，无疑是至关重要的。马车的挽具除上述鞅、靷等以外，还有束马头的勒，控制马的辔等。为了美观，马身上还加有各式各样的装饰物。

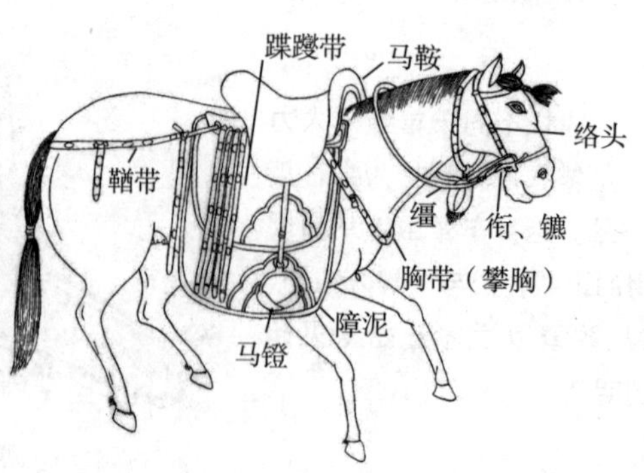

马具名称和位置图

独辀车

双辕车

牛　车

古代各阶段流行的马车

1. 独辀车（商至秦）

中国古代的马车起初只有独辀，独辀车至少需驾两匹马。独辀车采用轭靷式系驾法，以立乘为主。

2. 双辕车（汉代）

西汉是双辕车逐渐兴盛的时代。在经历了一个漫长的过程之后，独辀车逐渐演变为双辕车。在汉代，双辕马车因乘坐者的地位高低和用途不同，又细分为若干种类。根据文献记载对照，现能确认的有：斧车、轺车、施轓车、轩车、骈车、辎车和栈车等。

3. 牛车（两晋南北朝至唐）

汉代乘坐马车，礼仪繁缛，要受许多所谓“乘车之容”“立车之容”等条规的限制，乘者必须时刻保持着君子风度，而不能随心所欲。这些对汉代以后兴盛起来的士族阶层确实是件使人拘束的事。于是他们开始把喜好转向牛车。牛车行走缓慢而平稳，且车厢宽敞高大，如稍加改装，在车厢上装棚施幔，车厢内铺席设几，便可任意坐卧，这对于养尊处优、肆意游荡的士族大姓是最合适不过的了。所以，魏晋以后，牛车逐渐得到门阀士族的青睐，乘坐牛车不仅不再是低贱的事，而且已成为一种时髦的风尚了。

4. 太平车与平头车

自两宋始，乘轿之风渐兴，统治者畏惧乘车之颠簸，而醉心于坐轿之舒适，出行时但求安稳不求快速。由于两宋对制车业极不重视，一直沿用自汉代以来就一直使用的双辕双轮车。除在车舆的形制和装饰上有所变化外，其基本形制无大改进。

宋人或骑马或乘轿，极少乘车，因此宋代的制车业便主要以制造载货的运输车为主。这种载货的车当时称“太平车”。

牛　车

平头车

骡 车

5. 骡车（明清）

明清时的车多用一或二骡挽行，因此统称“骡车”。但为区别乘人的车与载物的车，又有“大、小”之分。乘人的车为小车，因其有棚子、围子，形如轿子，因此习惯上又称之为“轿车”。载物的骡车就叫大车或“敞车”，其车厢上不立棚，无车围和其他装饰。

中国古代十大战车

中国是一个古代文明非常发达的国家，冷兵器时代的中国为了提高作战效率，知道用机械的力量可以在一定程度上来左右战争的胜负，用战车来参战，很大程度上改变了古代军事战争史。

战车，按用途不同，可分为几个类型，如戎路，又称旄车，以车尾立有旄牛尾为饰的旌旗作标志，是一种主帅乘坐的指挥车。轻车，也称驰车，用以冲锋陷阵。阙车，补阙之车，即用于补充和警戒的后备车。苹车，苹同屏，车厢围有苇草皮革，以为屏蔽，作战时可以避飞矢流石。广车，一种防御列阵之车，行军时用来筑成临时军营。这些战车统称“五戎”，观其用途只有三类，第一，为指挥车。第二，为驰驱攻击的攻车。攻车是三代时战车的主要车种。第三，是用于设障、运输的守车。这些战车的形制同上，只是为挥戈舞剑之便，将车盖去掉。另外有的还在车轴两端的铜軎上装有矛刺，以便在冲锋陷阵时刮刺敌方的步兵。战车皆立乘，乘员是三名身着盔甲的车兵。一名甲士，为车长，称“甲首”，因其位在车厢左侧，所以又名“车左”，职责是持弓主射，同时指挥本战车和随车步行的“徒兵”，或驱车冲杀或屯车自守。另一名甲士，位在车右，因此名“戎右”，其任务是披甲执锐，直接与敌方厮杀格斗。如车遇险阻或出故障，他必须下去推车和排除故障。另一位是驾车的驭手，称“御”，位居车中，作战时只管驭马驾车。马车装备的武器有远射的弓矢，格斗的戈戟，自卫的短

剑和护体的甲胄与盾牌。主将所乘的旄车，还要设置“金”（即钲）鼓和旄旗。主将或鸣金或击鼓，以指挥所有战车的进或退。旄旗标明主将所处的位置，它的竖立和倾倒成了全军胜败存亡的象征。每辆战车还配备十几名步兵（后来有的增到七十二人），称“徒兵”，分列在车两边，随车而动，配合作战。作战时，每五辆战车编成一个基层战斗单位。

在中国古代，有古籍记载的著名战车有十种，分别是：

1. 流马

源自诸葛亮的运输车，它严格意义上不算战车，之所以把此放在第一位，是因为它对推动战争的进程起到了重大的作用，这点和战车的作用相当，所以筛选的时候就把它也放在了战车的范畴里。

流　马

2. 洞屋车

用于攻城的战车，侯景曾经用它和它的改进型尖头木驴攻克建康，上面抗矢石，下面可以挖掘破城。

洞屋车

3. 塞门刀车

加以改进的塞门车，这样对方很难攀援，形成活动的壁垒。

4. 云梯车

云梯并不是一般电影上那样一个简单的梯子，它带有防盾、绞车、抓钩等多种专用攀城工具。

塞门刀车

云梯车

5. 正箱车

三面带有装甲，可以用于推出去进攻敌人。

6. 塞门车

守城的武器，一旦城门被撞开，车就成了活动的城门。

7. 冲车

诸葛亮攻击陈仓的武器，也是历代进行攻城时候使用的重要战车，在陈仓，被郝昭用链球式磨盘所破。

8. 巢车

古代的装甲侦察车，用于窥伺城中动静，带有可以升降的牛皮车厢，估计是唐代出现的。

9. 偏箱车

戚继光对抗北方游牧民族军队的战车，一侧的装甲可以作为初步的掩体。

10. 春秋战车

中国古代的正式战车，成员包括一个使用长兵器的武士，一名射手和一名驭手。

正箱车

塞门车

冲　车

巢　车

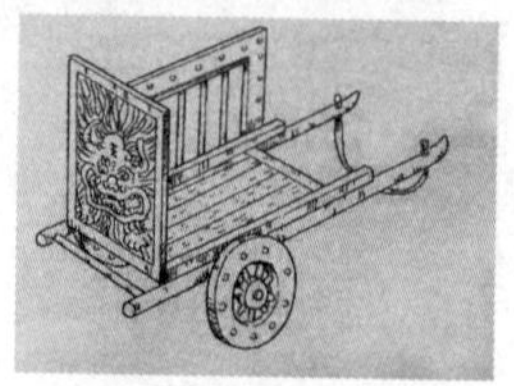

偏箱车

春秋战车

织机篇

壁画上的汉代纺车

中国纺织，历史悠久，尤以丝织和棉织负有盛名。纺织产品可归纳为刺绣、丝绸、服饰和地毯四大品种。这四大品种，制作工艺各不相同，风格独具。然而制造出如此巧妙绝伦织品的织机更是充满了科技的魅力。

早在原始社会时期，古人为了适应气候的变化，已懂得就地取材，利用纺专、管状骨针、打纬木刀和骨刀、绕线棒等纺织工具进行原始纺织，西周时期具有传统性能的简单机械缫车、纺车、织机相继出现，汉代广泛使用提花机、斜织机、纺织原料。古代中国除了使用毛、麻、棉这三种短纤维外，还大量利用长纤维蚕丝。唐以后中国纺织机械日趋完善，大大促进了纺织业的发展。后来，织机又不断地得到改进。在《梓人遗制》这部著作中，给我们留下了立机子、华机子、罗机子和布卧机子等织机的具体型制，并且标明了装配尺寸，阐明了结构间的相互关系和作用原理。《梓人遗制》中的立体图，使人看了一目了然，使制造织机的木工“所得可十之九矣”。

纺 车

01 华机子①

华机子又称拉花机，花机，华机。我国古代提花织机的简称。元代薛景石在《梓人遗制》一书中将我国古代提花机称为『华(花)机子』，并将每一机件均绘成图。华机应是我国汉代花楼束综花机的延续与完善，并在应用中延伸到建国前夕。东汉王逸在《机妇赋》中写道：『……方员绮错，极妙穷奇，虫禽品兽，物有其宜。兔耳跧伏，若安若危；猛犬相守，窜身匿蹄。高楼双峙，下临清池，游鱼衔饵，瀺灂其陂，鹿卢并起，纤缴俱垂，宛若星图，屈伸推移，一往一来，匪劳匪疲。』文中前四句讲述提花机能织出复杂的花纹。『兔耳』指卷布轴的左、右托脚，『猛犬』可能是指打纬的叠助木，其下半部在机台下，窜身匿蹄。『高楼双峙』指提花装置花楼的提花束综和综框上弓棚相对峙。挽花工坐在花楼上，口唱手拉，按设计的提花纹样来挽花提综，俯瞰光滑明亮的经线丝缕，有如『下临清池』一般。织出的龙凤花卉，历历在目。『游鱼衔饵』，系指挽花工拉动束综、衢线，联动竹棍衢脚，似如垂钩。提拉不同的经丝，侧视如同星图。『一来一往』形容引纬打纬。华机的使用，使东汉的丝织锦缎出现了大量优美图案，既有动物花卉，亦有汉字织锦。

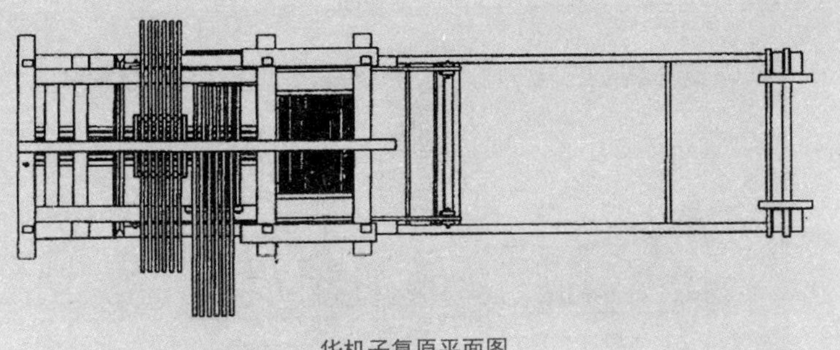

华机子复原平面图

叙 事

花机的发展史

早在四千多年前，古代劳动人民就已经织出了具有简单几何图案的斜纹织品。在河南安阳殷墟的大司空村的殷商王族墓葬中，就曾经发现了包在铜钺上面的一块几何回纹的提花丝织品痕迹。这是一种平纹地起斜纹花的单色丝织物，称作“绮”。到了周代，已经能织造多色提花的锦了。这表明我国很早就已经使用了提花机械。

汉初的提花机从马王堆汉墓出土的绒圈锦的结构分析，大致可以知道它的机构特点。绒圈锦的制织技术相当复杂，这种织物结构是四根一组的双面变化重经组织，按织幅是五十厘米计算，总经根数是八千八百到一万二千。织造工艺技术上已经使用分组的提花束综装置，以及用地经和绒经分开提沉的双经轴机构。

提花的工艺方法源于原始腰机挑花，汉代时这种工艺方法已经用于斜织机和水平织机。通常采用一镊（脚踏板）控制一综（吊起经线的装置）来织制花纹，为了织出花纹，就要增加综框的数目，两片综框只能织出平纹组织，3 ~ 4 片综框能织出斜纹组织，5 片以上的综框才能织出缎纹组织。因此，要织复杂的、花形循环较大的花，必须把经纱分成更多的组，多综多镊的花机逐步形成。

在谈到我国古代纺织技术成就时，必然要谈到汉昭帝时（公元前 86 年至公元 74 年）巨鹿人陈宝光的妻子创造的织花绫的提花机，《西京杂记》有一记载说：“霍光妻遗淳于衍……蒲挑锦二十四匹，散花绫二十五匹。绫出巨鹿陈宝光家，宝光妻传其法，霍显召入其第，使作之。机用一百二十蹑，六十日成一匹，匹直万钱。”陈宝光妻创造的提花机，一机用 120 条线，60 天便可以织成一匹。这种提花机成为以后许多织布机的张本。

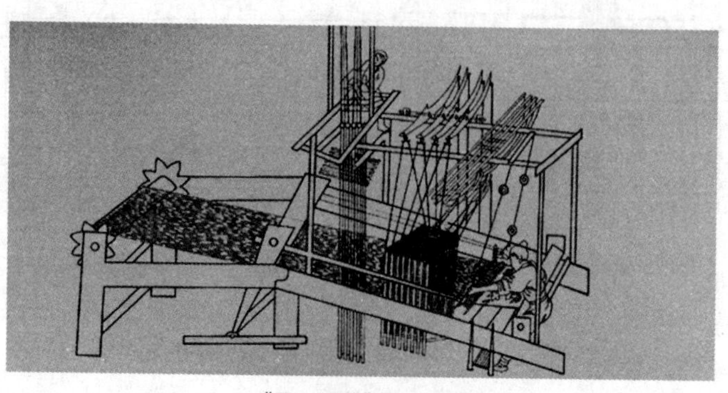

《天工开物》中的花机

三国曹魏初年扶风（今陕西兴平）的马钧，少年时候看到提花机非常复杂，生产效率很低，挽花工的劳动强度很高，“乃思绫机之变，不言而世人知其巧矣。旧绫机五十综者五十簸，六十综者六十簸，先生患其丧功费日，乃皆易以十二综十二簸”。织成的提花绫锦，花纹图案奇特，花型变化多端，而且提高了提花机的生产效率。虽然还没有更多的资料来说明马钧革新提花机的具体型制，就综片数来说，它和南宋楼俦绘制的《耕织图》上的提花机是比较接近的。

东汉时期的花本式提花机，又称花楼，是我国古代织造技术最高成就的代表。它用线制花本贮存提花程序，再用衢线牵引经丝开口。花本是提花机上贮存纹样信息的一套程序，它由代表经线的脚子线和代表纬线的耳子线根据纹样要求编织而成。上机时，脚子线与提升经线的纤线相连，此时，拉动耳子线一侧的脚子线就可以起到提升相关经线的作用。织造时上下两人配合，一人为挽花工，坐在三尺高的花楼上挽花提综，一人踏杆引纬织造。

花本是古代纺织工匠的一项重要贡献。明代宋应星《天工开物》中写到：“凡工匠结花本者，心计最精巧。画师先画何等花色于纸上，结本者以丝线随画量度，算计分寸抄忽而结成之，张悬花楼之上。”就是说人们如果想把设计好的图案重现在织物上，得按图案使成千上万根经线有规律地交互上下提综，几十种结线有次序地横穿排列，做成一整套花纹记忆装置。花本结好，上机织造。织工和挽花工互相配合，根据花本的变化，一根纬线一根纬线地向前织着，就可织出瑰丽的花纹来。花本也是古代纺织工匠的一项重要贡献。

束综提花机经过两晋南北朝至隋、唐、宋几代的改进提高，已逐渐完整和定型。在宋代楼俦的《耕织图》上就绘有一部大型提花机。这部提花机有双经轴和十片综，上有挽花工，下有织花工，她们相互呼应，正在织造结构复杂的花纹。这也许是世界上最早的提花机，在当时堪称世界第一。

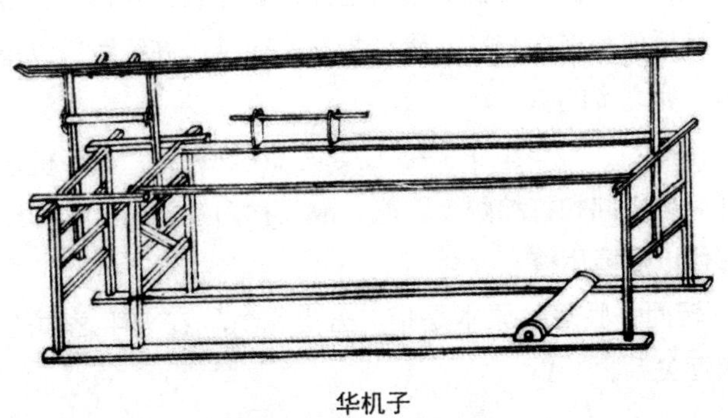

华机子

原典

《淮南子》[②]云，伯余之初作衣也[③]，绬麻索缕，手经指挂，其成犹网罗，后世为之机杼[④]，胜复[⑤]以便其用，此伯余之始也。

译文

《淮南子》上说，上古黄帝大臣伯余最开始制作衣服时，将麻析成缕连接起来。徒手排齐经线，以指挑经穿纬，制作后就像罗网，后来所说的织布机，经纬相胜相制的方便快捷原理，就是从伯余开始的。

注释

① 华机子：提花机之一，因机身呈水平状，故又称水平式织机，或水平式线制小花本机、水平式小花楼机，多用于织制绫罗纱绮等较为轻薄的织物。此类织机在汉晋时有文字记载，唐代更为常见，但是图像资料出现较晚，南宋初年于潜令楼俦绘制《耕织图》中的提花绫罗机是迄今发现最早的线制小花本提花机图像。另外，明末宋应星《天工开物》乃服篇中对这类织机也有较为详尽的记载。可是目前所有能见到的古代同类织机图像，都不如《梓人遗制》中的华机子描绘得具体，讲述得详细。宋元时，在山西潞安州地区（今山西长治一带），华机子是一种普遍推广的机型。当时，织机制造是带动纺织业发展的原因之一，兴盛的纺织业使潞安地区赢得了"南松江，北潞安，衣天下"之美誉。

②《淮南子》：亦称《淮南鸿烈》，西汉淮南王刘安及其门客苏非、李尚，伍被等著。《淮南子》共21篇，每篇都是精妙的专论，它上承诸子百家之说，集众家学派理论而归于道学，兼及哲学、政治、历史、地理、自然科学、军事、教育等学科于一身，体系宏大而系统，被唐刘知几《史通》称为"牢笼天地，博极古今。"

③ 伯余之初作衣也：语出《淮南子》："伯余之初作衣也，绬麻索缕，手经指挂，其成犹网罗。"传说黄帝时已经用麻作衣料。伯余，传说中黄帝的大臣。索，将麻折成缕连接起来。手经指挂，徒手排齐经线，以指挑经穿纬。网罗，指网罟、兜之类的编织物。

④ 机杼：织布机。杼，织布引纬工具。《说文》："杼，机之持纬者。"秦至西汉，杼兼具引纬和打纬两个职能，故又称刀杼。东汉时，杼发展为两头尖的梭子。晋代以后多用梭。

⑤ 胜复：转而。胜复，原本是指"五运六气"在一年之中的相胜相制，先胜后复的相互关系。

指经手挂

编制最早采用"指经手挂"的方式，先将经纱排好，用手指一根隔一根地挑起经纱，穿入纬纱。这种方法效率很低，而且织物孔径较大，长度和宽度都很有限。

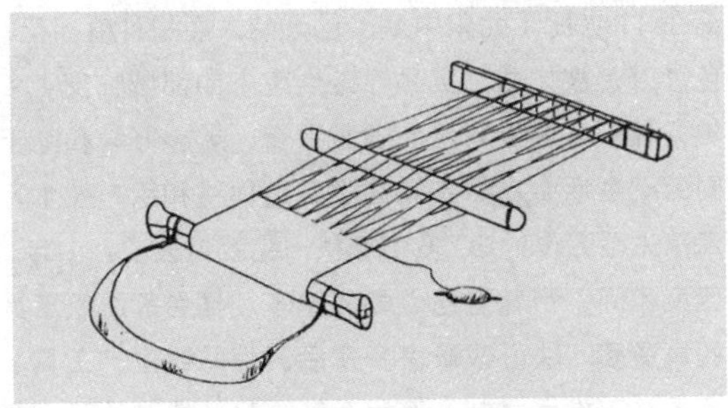

中国发现最早的最为完整的织机构件

原典

江文通①《古别离》云，纨扇②如明月，出自机中素③。

译文

江文通《古别离》上说，丝面纸扇如明月，是出自机械织成的绢素。

纨 扇

注释

①江文通：即江淹，济阳考城（今河南兰考）人。父亲做过县令。江淹少孤而家贫，爱好文学，有才名。自宋代入仕，辗转于诸王幕府，很不得志。至萧道成（齐高祖）执政而后建立齐朝，他受到赏识，逐渐显达。

②纨扇：丝面扇子。《说文》："纨，素也。"《释名》："纨，涣也，细泽有光，焕焕然也。"谓景致有光泽的单色丝织品。

③素：未经染色的本白色丝帛。

黄道婆其人

黄道婆生于南宋末年（约公元1245年），是松江府乌泥泾镇（上海龙华人）。南宋末年战乱多灾、民不聊生，黄道婆十二岁时就给人家当童养媳，因不堪忍受残酷虐待出逃至海南岛的崖州，开始了她不平凡的生活道路。宋朝时纺织业在内

纺织革新家黄道婆

地逐渐发展，但纺纱产量不高，布匹质量粗糙，不能成为人们主要的衣着用品。海南岛在 11 世纪（北宋中期）已开始大面积种植棉花，海南的棉织物品种类多，织工细，色彩好，被作为“贡品”送到南宋的都城临安（今杭州）。黄道婆就是在这一特定历史条件下，凭借自己的聪慧天资、虚心好学和吃苦耐劳精神，在与海南黎族人民的共同劳动生活中，熟练掌握了各道棉纺和织布技术，成为当地技术精湛的纺织能手。在海南生活劳作的 20 多个春秋一晃就过去了，中年之后的黄道婆，思乡情切，在元成宗元贞年间，带着自己心爱的踏车、椎弓等纺织工具，踏上了归家的路途。重返故乡后的黄道婆，决心改革家乡落后的棉纺织生产工具。据陶宗仪《耕录》记载：“乌泥泾初无踏车椎弓之制，率用手剖去籽，线弦竹孤，置案间振掉成剂。”操作辛苦，效率极低。经黄道婆改革“乃教以做造捍弹之具，至于错纱配色，综线絜花，各有其法”，大大提高了效率。她将黎族人民先进的棉纺织生产经验与汉族纺织传统工艺结合起来，系统地改进了从轧籽、弹花到纺纱、织布的全部生产工序，创造出许多新的生产工具，把自己掌握的织造技术毫无保留地传授给了家乡人民，迅速把松江地区的棉纺织技术提高到了一个相当高的水平。

原典

唐房玄龄[1]授秦王府记室[2]，居十年，军符府檄，或驻马即办，文约理尽，初不署藁[3]。高祖曰，若人机织，是宜委任，每为吾兄儿陈事，千里犹对语。

房玄龄像

注释

① 房玄龄：唐代初年名相。名乔，字玄龄。齐州临淄（今山东淄博东北部）人。自幼勤奋好学，博览经史，工书善文，隋时任隰城尉。李世民率众入关，任秦王府记室，成为李世民亲信。统一战争中又劝李世民谋划军事，搜罗文臣武僚，参与“玄武门之变”，助李世民夺取帝位。太宗即位后，为中书令，后任尚书左仆射。制定律令，选拔人才，贞观时的重大方针政策，他都是重要谋划者和执行者。

② 记室：是诸王、三公及大将军等府中设私聘的，未经诠叙，有职无品，但地位极为重要，算是主人的私人代表，也等于是府中的总管。

③ 文约理尽，初不署藁：谓玄龄文才出众。房玄龄随李世民征战时，凡王府书檄，驻马即成，言简意尽，不需起草。

译文

唐房玄龄担任秦王府的总管，任职十年之久，凡军用、王府书檄，有的停马的功夫就完成了，言简意尽，不需打草稿。高祖曰，人机织帛，适宜做信函，每每和我的儿子兄弟说事，千里之外就像对面而语。

原典

《拾遗记》[①]，吴王赵夫人[②]巧妙无比，人为吴宫三绝，机绝，针绝，丝绝。

译文

《拾遗记》记载说，吴王赵夫人纺织的技术无比巧妙，织布机绝，针线绝，所纺织用的丝绝，人称吴宫的三绝。

注释

①《拾遗记》：志怪小说集。又名《拾遗录》《王子年拾遗记》，作者东晋王嘉，字子年，陇西安阳（今甘肃渭源）人，《晋书》第95卷有传。今传本大约经过南朝梁宗室萧绮的整理。《拾遗记》共10卷。前九卷记自上古庖牺氏、神农氏至东晋各代的历史异闻，其中关于古史的部分多是荒唐怪诞的神话，汉魏以下也有许多道听途说的传闻，为正史所不载。末一卷则记昆仑等八个仙山。《拾遗记》的主要内容是杂录和志怪。书中尤着重宣传神仙方术，多荒诞不经。但其中某些幻想，如"贯月槎""沦波舟"等，表现出丰富的想象力。文字绮丽，所叙之事类皆情节曲折，辞采可观。后人多引为故实。

②吴王赵夫人：张彦远《历代名画记》卷三说：吴王赵夫人，丞相赵达之妹。善书画，巧妙无双，能于指间以彩丝织为龙凤之锦，宫中号为"机绝"。孙权尝叹，魏蜀未平，思得善画者图山川地形，夫人乃进所写江湖九州山岳之势。夫人又于方帛之上，绣作五岳列国地形，时人号为"针绝"。又以胶续丝发作轻幔，号为"丝绝"。

从"手经指挂"到踞织机

先秦的纺织已从"手经指挂"中解放出来。《黄帝内经》和《淮南子》记载"手经指挂"是指把一根根纱线依次接在同一根木棍上，另一端也依次接在另一根木棍上面。并把被两根木棍绷紧的纱线绷劲，绷紧的纵向纱就成了经纱，一次横线织入的纱就成了纬纱。当整个组成的经面被纬纱织入后，织物也就编成像甲骨文中的"丝"字的形象文字，上下两横代表了两根卷纱木棍，中间一横是用来把经纱单、双数分开来的大小木棍，即绞纱棒。周代，这个形象文字还演变成了“经”字的右半边，可见商周时期的织布不仅用绞纱棒分离了经纱单双数，还采用了线综装置来提升经纱。织平纹织物是要有两列线综。纺织是通过线综套环装置分别把单、双数的经沙联系起来，或拉线综，即形成织口，便于引入体纱。由于这种织机的操作者是坐在地上或竹榻上进行制造的，故人们称他为“踞织机”。

少数民族使用踞织机

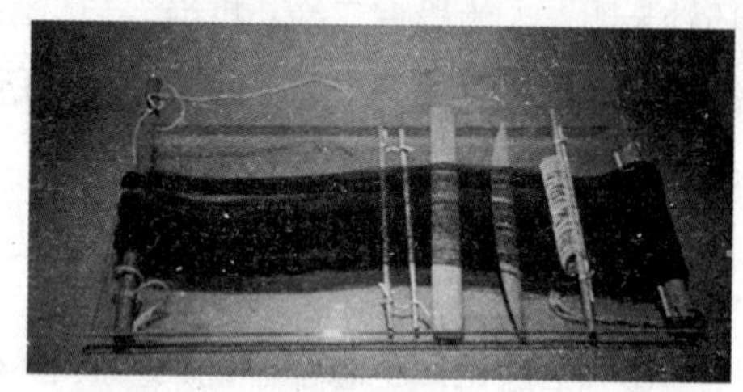

踞织机

原始织机已经有了上下开启织口、左右穿引纬纱、前后打紧纬纱的三个方向的运动。它就是现代织布机的始祖——踞织机。

原典

其机非伯余作，止①是手经指挂而已，后人因而广之②，以成机杼。

注释

①止：只不过。

②广之：推广经验。

译文

织机不是伯余制造，只不过是将麻析成缕连接起来，徒手排齐经线，一根根依次接在一根木棍上，另一端也依次接在另一根木棍上面，并绷紧纱线，织入横线的纱。后世之人于是推广这种经验，制成织机。

原始编织

在原始社会，人类为了抵御寒冷，直接用草叶和兽皮蔽体，慢慢地学会了采集野生的葛、麻、蚕丝等，并利用猎获的鸟兽的毛羽，进行撮、绩、编、织成粗陋的衣服，由此发展了编织、裁切、缝缀的技术。人们根据撮绳的经验，创造出绩和纺的技术。绩是先将植物茎皮劈成极细长的纤维，然后逐根拈接。这是高度技巧的手艺，所以后来人们把工作的成就叫作“成绩”。

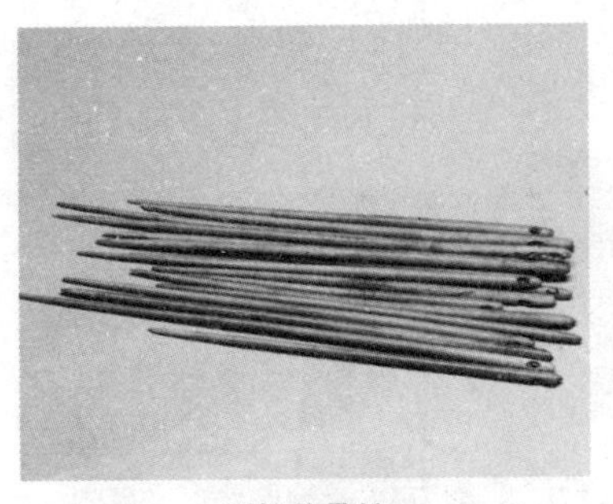

原始的骨针

连缀草叶要用绳子，缝缀兽皮起初先用锥子钻孔，再穿入细绳，后来就演化出针线缝合的技术。山顶洞人遗物中存有公元前1.6万年前的骨针。骨针是引纬器的前身，是最原始的织具。随着骨针的使用，古代的中国人开始制作缝纫线。使用骨针引线是纺织工艺的一项重要进展，它把纬线穿于针孔之中，一次性的将纬线穿过经线省去了逐根穿引的繁琐，大大提高了功效，骨针引纬的发明，开创了腰机织造的先河。

目前所知最早的编织实物是河姆渡遗址出土的距今7000年的芦苇残片，纹样为席纹，西安半坡遗址出土陶器底部的纺织印痕有蓝纹、叶脉纹、方格纹和回纹等。

原典

《传》[1]云，麻冕，礼也；今也纯，俭。吾从众[2]。纯布亦自古有，故知机杼亦起于上古。今人工巧，其机不等，自各有法式，今略叙机之总名耳。

麻　布

注释

①《传》：阐述经义的文字，此处系指《论语》。

②麻冕，礼也；今也纯，俭。吾从众：语出《论语·子罕》。麻冕，缁布冠也。当时行成人礼要戴“麻冕”，做这种帽子费时费工，以三十升布为之，升八十缕，则其经二千四百缕矣。细密难成，不如用丝之省约，后遂改用丝布帽子来代替。纯，丝也。俭，谓省约。另，《诗经》中有“麻衣如雪”的生动记载，形容薄如蝉翼，珍贵异常，规定用来做天子和王侯的麻冕。

麻

缁布样式

译文

《论语》说，当时行成人礼要戴“麻帽”，现在用丝代替，比较节俭了。丝布古时候也有，因此知道织布机也是起源于古代。现在制作精巧、各种机械型号不一样，各自有各自的原理，我简略叙述织机的总名字罢了。

纺坠

纺坠是中国历史上最早用于纺纱的工具，它的出现至少可追溯到新石器时代。出土的早期纺轮，一般由石片或陶片经简单打磨而成，形状不一，多呈鼓形、圆形、扁圆形、四边形等状，有的轮面上还绘有纹饰。纺坠的出现不仅改变了原始社会的纺织生产，对后世纺纱工具的发展也影响深远，并且它作为一种简便的纺纱工具，一直被沿用了几千年，即使在 20 世纪，西藏地区一些游牧藏民，仍在用它纺纱。

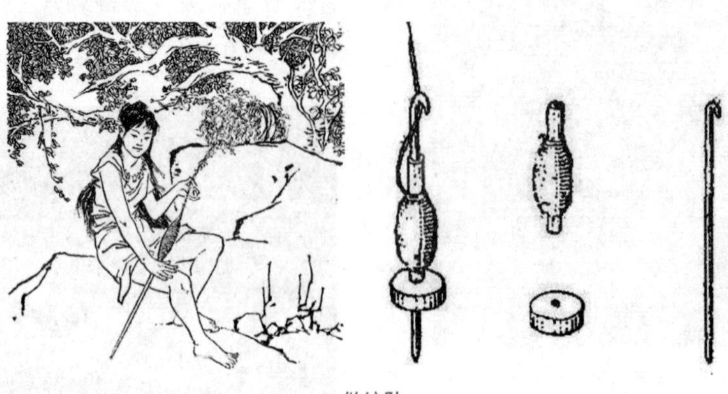

做纺坠

用 材

原典

造机子之制，长八尺至八尺六寸[①]，上至龙脊杆子[②]，下至机身[③]，共高八尺至八尺六寸，横广槾外[④]三尺六寸[⑤]。机身径广三寸[⑥]，厚二寸六分[⑦]，先从机身头上向里量八寸[⑧]，画[⑨]前楼子眼，前楼子眼[⑩]合心[⑪]至中间楼子眼合心二尺二寸[⑫]，中间楼子眼合心至兔耳[⑬]眼合心四尺二寸[⑭]，兔耳眼合心至后靠背楼子[⑮]眼合心一尺二寸[⑯]，兔耳眼长四寸[⑰]。

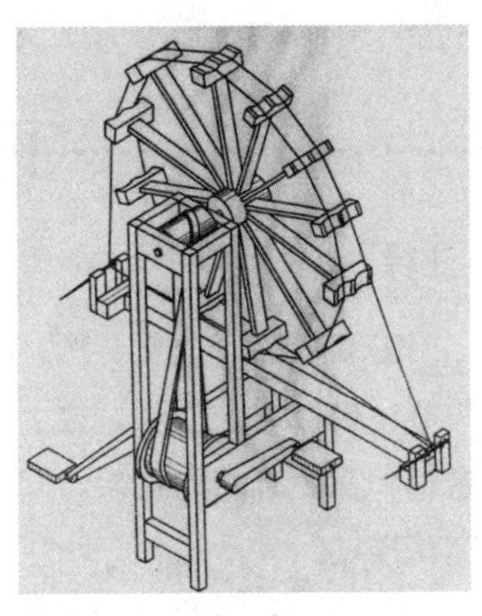

纺 车

注释

① 八尺至八尺六寸：约合 251.12 厘米至 270.4 厘米。

② 龙脊杆子：龙，指提花龙头，提花织机上用于控制经线起落的部件，在古代也叫花楼。脊，人或动物背上中间的骨头，此谓架在提花织机上面最高的一根横木，盖冲天柱。

③ 机身：并非指织机或机架，而是指支撑整个华机子的底端的两根横木。

④ 槾外：槾，原指屋檐，此处作伸出边缘外端解。

⑤ 三尺六寸：约合 113.04 厘米。

⑥ 三寸：约合 9.42 厘米。

⑦ 二寸六分：约合 8.16 厘米。

⑧ 八寸：约合 25.12 厘米。

⑨ 画：标志号。

⑩ 楼子眼：安插在机身上面用于架构织机的竖木条，共六根，分别为两根前楼子、两根中间楼子、两根后靠背楼子。眼，即卯眼。

⑪ 合心：合，同“核”。合心，谓中心位置。

⑫ 二尺二寸：约合 69.08 厘米。

⑬ 兔耳：指卷布轴的左、右托脚，即安装卷轴的架子。

⑭ 四尺二寸：约合 131.88 厘米。

⑮ 后靠背楼子：机头上方木架子。明宋应星《天工开物》中称作“门楼”。

⑯ 一尺二寸：约合 37.68 厘米。内楼子眼各长一寸六分，随材加减。

⑰ 四寸：约合 12.56 厘米。

译文

制造华机子的方法，长八尺至八尺六寸，向上到高起如龙脊杆子，向下到机身，共高八尺至八尺六寸，横宽机子檐外三尺六寸。机身径宽三寸，厚二寸六分，先从机身头上向里量八寸，标志前面机身卯眼，前面机身卯眼中心到中间机身卯眼二尺二寸，中间机身卯眼至卷轴左右脚兔耳卯眼中心四尺二寸，左右脚卯眼中心至后背机身中心卯眼一尺二寸，左右脚卯眼长四寸。

纺车

古代通用的纺车按结构可分为手摇纺车和脚踏纺车两种。手摇纺车的图像数据在出土的汉代文物中多次发现，说明手摇纺车早在汉代已非常普及。脚踏纺车是在手摇纺车的基础上发展而来的，目前最早的图像数据是江苏省泗洪县出土的东汉画像石。手摇纺车驱动纺车的力来自于手，操作时，需一手摇动纺车，一手从事纺纱工作。而脚踏纺车驱动纺车的力来自于脚，操作时，纺妇能够用双手进行纺纱操作，大大提高了工作效率。纺车自出现以来，一直都是最普及的纺纱机具，即使在近代，一些偏僻的地区仍然把它作为主要的纺纱工具。

纺 车

原典

机楼扇子立颊[①]长五尺二寸[②]，广随机身之厚，径厚一寸六分[③]。从下除机身内卯向上量一尺六寸[④]，画下樘榥[⑤]眼，下榥眼上量七寸[⑥]，心榥[⑦]眼。心榥上量七寸，是上榥眼[⑧]。上榥上一尺二寸是遏脑[⑨]，遏脑木长四尺四寸[⑩]，广四寸[⑪]，厚随楼子立颊之厚。上顺绞井口[⑫]，广厚同遏脑。

注释

①机楼扇子立颊：颊，两侧。机楼扇子立颊，位于卷轴和滕子之间的机架，即提花楼柱。

②五尺二寸：约合163.28厘米。

③一寸六分：约合5.02

译文

机架长五尺二寸，宽随机身之厚，径厚一寸六分。从下除机身内卯向上量一尺六寸，画下柱榥眼，下榥眼上量七寸，中心榥眼，中榥上量七寸，是上榥眼。上榥上一尺二寸是横档，横档木长四尺四寸，广四寸，厚随机身之厚。上顺与机身相连的横档木，宽厚同先前横木。

《纺车图》〔宋〕王居正

厘米。

④ 一尺六寸：约合 50.24 厘米。

⑤ 樘榥：樘，柱子。榥，栏架。樘榥，织机上面与楼子垂直卯接的横档，即楼柱横档，有上榥、心榥、下樘榥之分。

⑥ 七寸：约合 21.98 厘米。

⑦ 心榥：置于中间位置的榥。

⑧ 榥眼：《永乐大典》本原注："榥眼长一寸六分。"

⑨ 遏脑：织机上与绞井口垂直卯接的横档，即机架顶部横档，盖楼柱顶。原注："内榥长随广径，广随立颊之厚，厚一寸六分。"一寸六分，约合 5.02 厘米。

⑩ 四尺四寸：约合 138.16 厘米。

⑪ 四寸：约合 12.56 厘米，

⑫ 井口：《永乐大典》本原注："又谓之井口木。"织机上与遏脑、楼子相交的横档，以供拉花者坐之用。明宋应星《天工开物》称"花楼架木"，清汪日桢《湖蚕述》称"接板"。

原典

冲天立柱[①]长三尺四寸[②]，厚随遏脑之厚，广二寸[③]，下卯栓透遏脑心下两榥。遏脑向上随立柱量四寸，安文轴子[④]，轴子圆径一寸至一寸二分[⑤]，长随楼子之广。龙脊杆子长随机身之长，厚随冲天立柱之方广[⑥]。楼子合心，向脊杆子上分心各离三寸[⑦]，安牵拔[⑧]二个。

注释

① 冲天立柱：织机上面卯接三榥，支撑龙脊杆子的直木。织机上面的冲天立柱，是用于装花本用的支柱。

② 三尺四寸：约合 106.76 厘米。三尺四寸的冲天立柱，应包括下面超出横榥的部分。原注："下卯在外。"

译文

提花机龙脊柱木杆长三尺四寸，厚随横木之厚，宽二寸，龙脊柱下卯杆透过横木下中心两榥。横木向上随立柱量四寸，按圆木，圆木圆径一寸至一寸二分，长随机身之宽。龙脊杆子长随机身之长，厚随立柱之方宽。楼子合心，向上立柱子沿中心各离三寸，安提花综线两个。

③ 二寸：约合 128 厘米。

④ 文轴子：架接在两冲天立柱之间的圆木，用于提花本的滚柱，又名“机”。

⑤ 一寸至一寸二分：约合 3.14 厘米至 3.77 厘米。

⑥ 方广：厚度和宽度。

⑦ 三寸：约合 9.42 厘米。

⑧ 牵拔：提花综线，与花本线相连。

原典

机子心扇[①]，心榥合心，每壁各量一尺二寸[②]安引手[③]。遏脑上绞口[④]向里两下各量七寸[⑤]，是前顺樘榥[⑥]后顺枨[⑦]。栓透前后楼子遏脑，从心扇遏脑上，向后顺枨上量四寸[⑧]，安立人子[⑨]一个，立叉向后又量二尺[⑩]，更安一个，各长五寸[⑪]。上是鸟坐木[⑫]，内穿特木儿[⑬]。

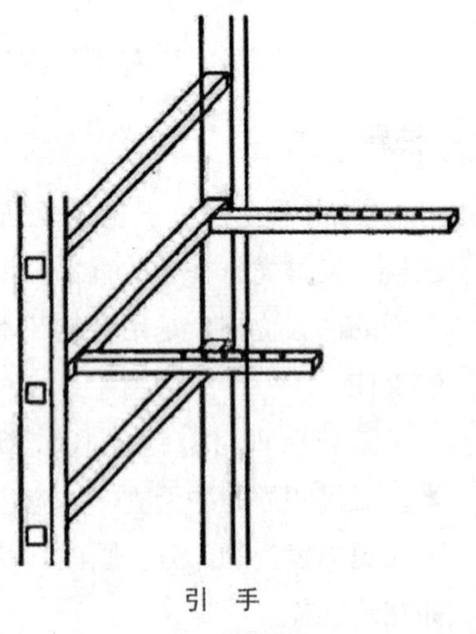

引　手

注释

① 心扇：中间扇子立颊的简称。

② 一尺二寸：约合 37.68 厘米。

③ 引手：《永乐大典》本原注：“引手各长一尺五寸，共是六个眼子。”

④ 绞口：疑指绞井口木眼，但前后大凡有榫卯接合处均用“眼”而不用“绞”，用“绞”或以为与开口大小有关。

⑤ 七寸：约合 21.98 厘米。

⑥ 前顺樘榥：安置弓棚架之用，与后顺枨平行的横档。

⑦ 后顺枨：机架中间横档之一，安放立人子的木杆。枨，原意作门两旁所坚长木柱解。

⑧ 四寸：约合 12.56 厘米。

⑨ 立人子：朱启钤校刊本作“立叉子”解，狄特·库恩则

译文

提花机中间的扇脸，立面榥处于中心，每面各量一尺二寸安把手。横木向上绞口向里两下各量七寸，是前顺樘榥与后中间横档。木栓透前后机身横档，从中心扇横档上，向后顺中间横档量四寸，安支架杆子一个，立叉向后又量二尺，再安一个，各长五寸。上是中轴横杠，立面联系吊综杆。

认为立人子、立叉子均可，但立叉子更形象些，称呼原本无关紧要，只是历史上立叉子之名的使用无以印证，而后世织机部件名中则常见有“立人”之名，造型功能与立人子相仿，见清卫杰《蚕桑萃编》、清陈作霖《风麓小志》、南京云锦机具名，故此处仍取立人子。立人子指用于撑高鸟坐木的支架杆子，主要作用是架起特木儿。

⑩ 二尺：约合 62.8 厘米。

⑪ 五寸：约合 15.76 厘米。

⑫ 鸟坐木：在开口机构中为使特木儿能够起上下升降运动的中轴横杠，即固定鸟坐木的轴木。

⑬ 特木儿：用于控制升降综框运动的机件，即吊综杆，提起综之杠杆，又称鸦儿木。明宋应星《天工开物》中称作“老鸦翅”，清汪日桢《湖蚕述》称“丫儿”。

原典

卷轴长随两机身横之外，径三寸四分[①]，兔耳随机身之后径，广四寸[②]，上讹角。

注释

① 三寸四分：约合 10.68 厘米。

② 四寸：约合 12.56 厘米。

译文

卷轴长随两机身横之外，直径三寸四分，底脚随机身之后径，宽四寸，上讹角。

原典

卧牛子[①]长三尺六寸[②]，随机身横之广径，广六寸[③]，厚五寸[④]。自立人子，至卧牛底面榥上，通高三尺[⑤]，径广三寸，厚二寸六分[⑥]。立子头上向下量五寸开口子[⑦]。口子合心横钻塞眼[⑧]，上安利杆[⑨]。立人子开口与篦框[⑩]鹅口[⑪]广同。卧牛上随立人子向上量三寸，安档榥一条，广二寸[⑫]。

注释

①卧牛子：立人子的基座。此非是指支撑鸟坐木的立人子，而是指支撑立杆的立人子的基座长方形木块。

②三尺六寸：约合 113.04 厘米。

③六寸：约合 18.84 厘米。

④五寸：约合 15.70 厘米。

⑤三尺：约合 94.2 厘米。

⑥二寸六分：约合 8.16 厘米。

⑦开口子：二分中取一分立口。

⑧塞眼：原本作寨眼，依字义似应作塞，以下寨皆改塞。

⑨利杆：连接立人子与筬框的柄杆或撞杆，《永乐大典》本原注："利杆长八尺。"

⑩筬框：即筘，也叫蔻。筘是控制织物经密和推送纬丝的织造机件，也起稳定织物幅宽的作用。框，用杂硬木制成。

⑪鹅口：筘框上连接利杆的机件。

⑫二寸：约合 6.28 厘米。

译文

立人子的基座长三尺六寸，随机身横之宽径，宽六寸，厚五寸。自立人子，至卧牛底面棲上，通高三尺，径广三寸，厚二寸六分。立子头上向下量五寸开口子。口子中心横钻塞眼，上安利杆。立人子开口与框卯口宽同。基座随立人子向上，通高三尺，径广三寸，厚二寸六分。立子头上向下量五寸开口子。口子合心横钻塞眼，上安利杆。立人子开口与筘框鹅心横钻塞眼，上安利杆。立人子开口与筘框鹅口宽同。卧牛上随立人子向上量三寸，安档棍一条，宽二寸。

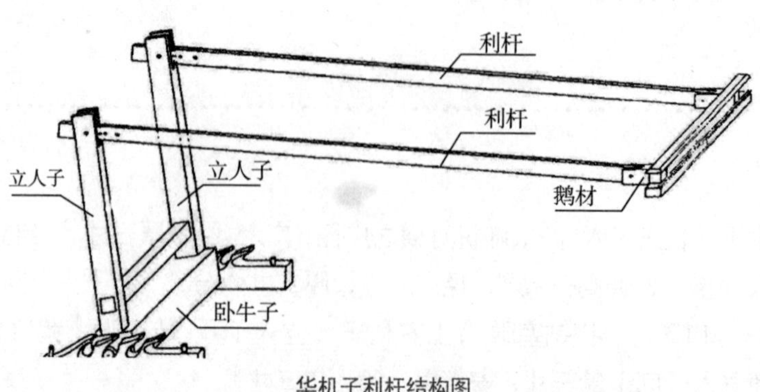

华机子利杆结构图

原典

筬框，长三尺六寸，广二寸四分[①]，厚一寸二分[②]，内安斗子。其斗子内二尺八寸[③]明辽[④]，高五分[⑤]，筬口上下离八分至一寸[⑥]。斗子上是鹅材[⑦]，长三寸六分[⑧]，方广二寸，开口深二寸四分，横钻塞眼子。

注释

① 二寸四分：约合 7.54 厘米。

② 一寸二分：约合 3.77 厘米。

③ 二尺八寸：约合 87.92 厘米。

④ 明辽：清楚明确。辽，疑为“了”字通假。

⑤ 五分：约合 1.57 厘米。

⑥ 八分至一寸：约合 2.51 厘米至 3.14 厘米。

⑦ 鹅材：连接上下筘框的构件。

⑧ 三寸六分：约合 11.3 厘米。

译文

口框，长三尺六寸，宽二寸四分，厚一寸二分，内安斗子。斗子内二尺八寸明了，高五分，筘口上下离八分至一寸。斗子上是连接筘框构建，长三寸六分，方广二寸，开口深二寸四分，横钻塞眼子。

原典

特木儿长三尺四寸[①]，版广二寸四分，厚八分。从头上眼子至心翅眼子量九寸五分[②]，是心内眼子[③]。心内眼子至后尾眼子[④]二尺一寸[⑤]，楼子合心[⑥]。弓棚架[⑦]，子版长一尺二寸，广三寸，厚一寸[⑧]。弓材上六尺二寸[⑨]，广一寸，厚六分[⑩]。

注释

① 三尺四寸：约合 106.76 厘米。

② 九寸五分：约合 29.83 厘米。

③ 内眼子：《永乐大典》本原注：“圆七分。”

④ 后尾眼子：位于特木儿尾部用于吊综用的卯眼或环扣。

⑤ 二尺一寸：约合 65.94 厘米，

⑥ 楼子合心：《永乐大典》本原注：“上钉环儿。”

⑦ 弓棚架：弓棚，伏综回复装置，明宋应星《天工开物》中称“涩木”，清汪日桢《湖蚕述》称“塞木”。弓棚架，固定弓棚的木架。

⑧ 厚一寸：厚约合 3.14 厘米。原注：“用栓三条，内安弓钉，钉上为用。”

⑨ 六尺二寸：约合 194.68 厘米。

⑩ 六分：约合 1.88 厘米。

译文

操纵把手长三尺四寸，板宽二寸四分，厚八分。从头上眼子至心翅眼子量九寸五分，是心内眼子。心内眼子至后尾眼子二尺一寸，上钉环儿。弓棚架，子板长一尺二寸，广三寸，厚一寸。弓材上六尺二寸，广一寸，厚六分。

原典

椿子材[①]长二尺五寸[②]，小头广一寸，厚六分[③]，大头广一寸二分至一寸四分[④]，厚八分至一寸。从小头上向下量三寸四分，画梁子眼[⑤]，梁子眼下一尺二寸明，外是下梁子眼，横梁子长二尺六寸四分[⑥]，广一寸，厚四分，椿子内二尺四寸明[⑦]。

注释

①椿子材：椿子，即织造时起上开口作用的地综，也叫起综。原注："用杂硬木制造。"清汪日桢《湖蚕述》称"滚头"。

②二尺五寸：约合 78.5 厘米。

③六分：约合 1.88 厘米。

④一寸四分：约合 4.4 厘米。

⑤画梁子眼：原注："长一寸有余。"

⑥二尺六寸四分：约合 82.9 厘米。

⑦二尺四寸明：原注："计六扇一十二条。"

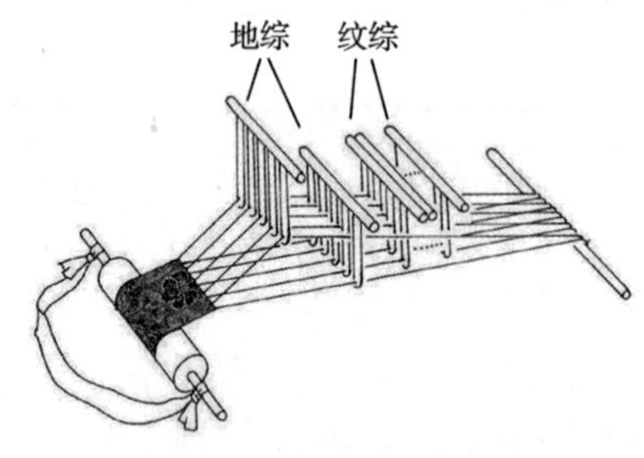

原始织机中的地综

译文

织造上开口地综长二尺五寸，小头广一寸，厚六分，大头广一寸二分至一寸四分，厚八分至一寸。从小头上向下量三寸四分，画梁子眼，梁子眼下一尺二寸明，外是下梁子眼，横梁子长二尺六寸四分，广一寸，厚四分，椿子内二尺四寸明。

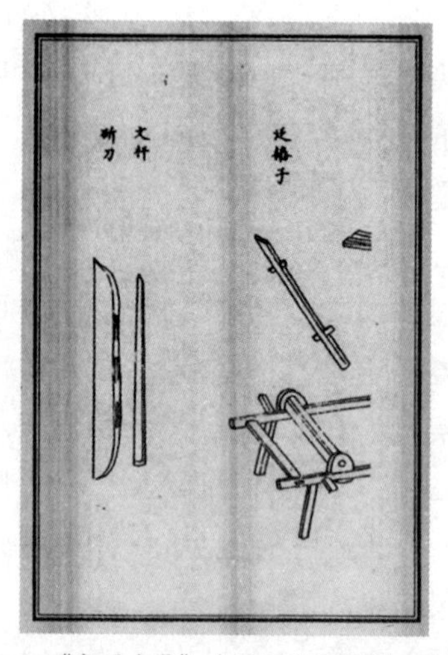
《永乐大典》中的泛床子部件

原典

蘸椿子[①]长一尺八寸[②]，小头广八分，厚六分，大头广一寸二分，厚八分。小头向下量三寸二分[③]画梁子眼，向下一尺二寸外下梁子眼，广与搊同[④]。拔梁长随两引手之广，长二尺八寸，径方广一寸，计六条钻眼子与引手同。

注释

① 蘸椿子：织造时下开口地综，也叫伏综。清汪日桢《湖蚕述》称“滚头”。

② 一尺八寸：约合 56.52 厘米。

③ 三寸二分：约合 10.05 厘米。

④ 广与搊同：原注：“梁子各长二尺八寸，内二尺四寸。”

译文

制造下开口地综长一尺八寸，小头宽八分，厚六分，大头宽一寸二分，厚八分。小头向下量三寸二分，画梁子眼，向下一尺二寸外下梁子眼，宽与搊同。拔梁长随两引手之广，长二尺八寸，径方广一寸，计六条钻眼子与引手同。

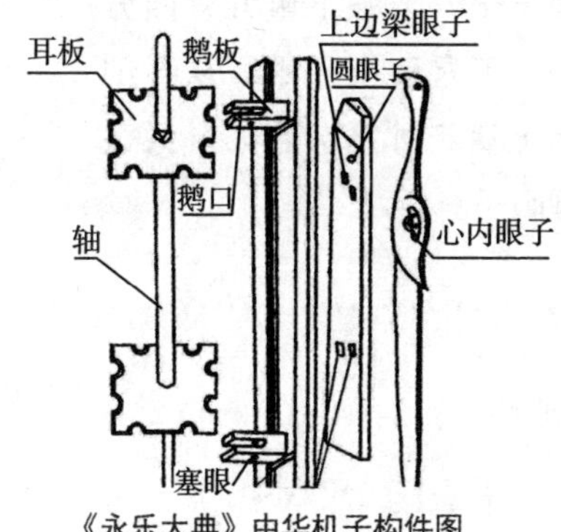

《永乐大典》中华机子构件图

原典

白踏椿子[①]长二尺六寸[②]，上广二寸，厚六分，下广二寸二分，厚八分。从头上向下量三寸二分[③]，心内钻圆眼子。再从头上向下量四寸二分[④]，边上凿梁子眼一个[⑤]。上眼子下楞齐[⑥]，向下更画梁子眼一个。下眼下量九寸四分[⑦]外，下是双梁子眼[⑧]。从下倒向上量二寸八分[⑨]合心，又钻圆眼子一个。

注释

① 白踏椿子：织机构件，属专门的绞综开口机构。安装白踏桩子的织机，可以生产纱罗织物。白踏，《天工开物》称之为“打综”。

② 二尺六寸：约合 81.64 厘米。

③ 三寸二分：约合 10.05 厘米。

④ 四寸二分：约合 13.19 厘米。

⑤ 边上凿梁子眼一个：原注：“梁子眼各长一寸一分。”

⑥ 楞齐：楞，同棱，边缘，角，即与边角对齐。

⑦ 九寸四分：约合 21.52 厘米。

⑧ 双梁子眼：平行的两个眼。

⑨ 二寸八分：约合 8.79 厘米。

译文

打综开口长二尺六寸，上宽二寸，厚六分，下宽二寸二分，厚八分。从头上向下量三寸二分，心内钻圆眼子。再从头上向下量四寸二分，边上凿梁子眼一个。上眼子下棱齐，向下更画梁子眼一个。下眼下量九寸四分外，下是双梁子眼。从下倒向上量二寸八分合心，又钻圆眼子一个。

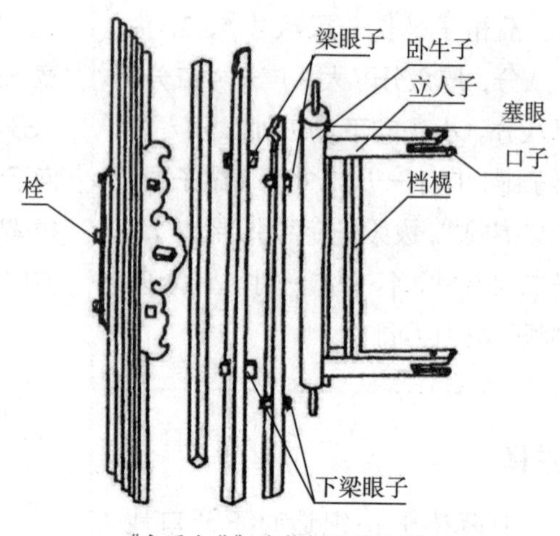

《永乐大典》中华机子构件图

原典

梁子长二尺八寸，广一寸一分[①]，厚四分[②]。

译文

梁子长度是二尺八寸，宽度是一寸一分，厚度是四分。

注释

① 一寸一分：约合3.45厘米。

② 四分：约合1.26厘米。

原典

滕子轴[①]长三尺八寸[②]，方广二寸，两耳[③]内二尺四寸明，耳版厚一寸四分至一寸六分，方广一尺至一尺二寸。

译文

经轴长三尺八寸，方广二寸，两隔板内二尺四寸明示，隔版厚一寸四分至一寸六分，方广一尺至一尺二寸。

注释

① 滕子轴：古代称经轴或绕经辊为滕。滕是古代织机上面送放经纱的工具，由轴和耳组成，耳或为八楞。滕两端作榫，架于掌滕木的口子上。滕，有时也称作柚，今作轴。

② 三尺八寸：约合119.32厘米。

③ 两耳：滕子两侧起框定幅宽作用的隔版。

原典

凡机子制度内[①]，或织纱，则用白踏，或素物[②]，只用梭子，如是织华子什物全用，其机子不等，随此加减。

注释

① 度内：方法，规制之内。

② 素物：白色的织物。

译文

大凡制造织机的方法，有的织纱，就用白踏，有的织素物，只用梭子，如果是织华子机用，机子虽然不一样，但是制造机子的方法按此比例加减。

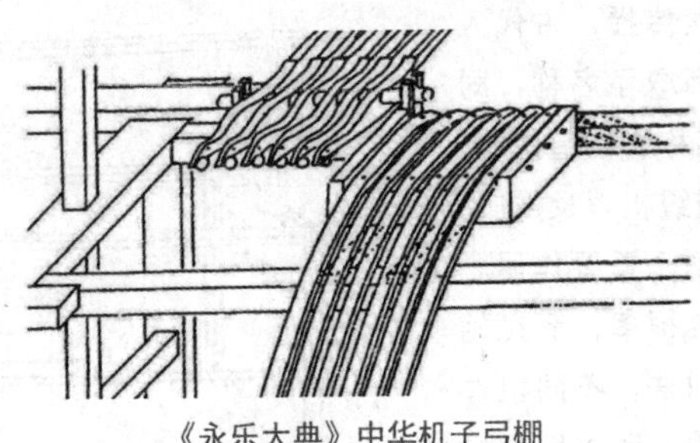

《永乐大典》中华机子弓棚

功 限

原典

机身机楼子共各七功。

卧牛子一个一功。

筬框一副全一功五分。

特木儿六个八分功。

弓棚架一功二分。

搊蘸各一副一十二扇，全造三功二分。

拨梁六条四分工。

滕子一个一功二。

立竿二条三分五厘功。

解割在外。

译文

制造华机子机身框架与箱子各要七个工。

制作底座一个一个工。

制作全筘框一副一工五。

制作操纵把手六个八分工。

制作弓棚架一工二分。

制作扇一副十二面，三工二分。

制作拨梁子六条，工四分。

制作经轴一个，一工二。

制作立杆两条，工三分五厘。

锯除的部分除外。

提花机机件释名图说

提花技术是将复杂的织机开口用综或花本贮存起来，反复作用，控制每一次开口，使织机能织成图案精美、色彩缤纷或是平素的织物。在织花的生产过程中，古代织工要熟悉织机的结构和织造原理，并且需要熟练操作技术。为了便于操作工序的进行和技术的传授，古代人给织机的各个部件都取了名称，同时因为有了机件的名称和构造说明，对于后来木匠们打造织机以及推广、传承织机技术也起到了重要作用。古代提花机件的名称很多，而且相同机件可能有不同叫法，不同机件可能采用同样的名称，所以罗列提花机件名称，给予解释，明晰概念是十分必要的。在此，征引了《梓人遗制》《天工开物》《蚕桑萃编》《湖蚕述》和《凤麓小志》以及南京云锦织机中出现的机具名，并一一释名解说。

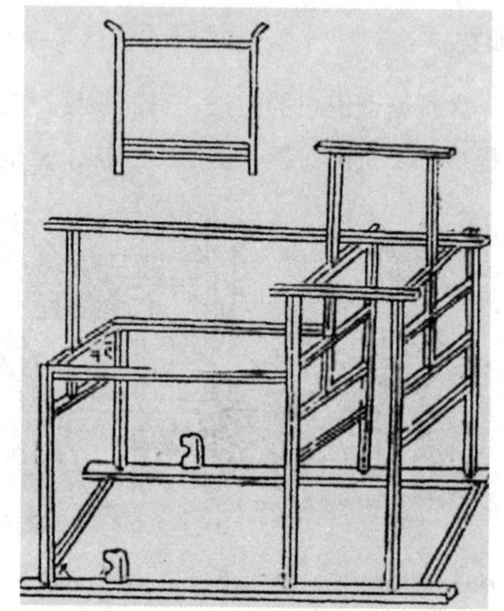

水平式小花楼机简图

提花机完整复原简图

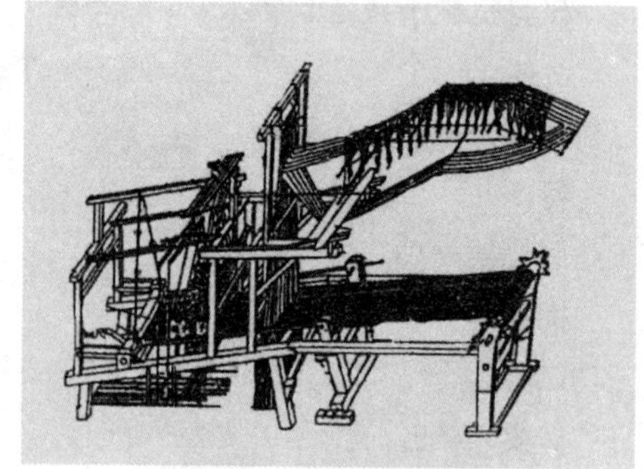

大花楼云锦妆花缎机织简图

机身

用途：靠织工方向织机前半部两侧的两根主直木，两机身距离相当于织机宽度

应用机型：小花楼束综提花机、大花楼束综提花机

机腿

用途：支撑机身的立柱

应用机型：大花楼束综提花机

机头

用途：织工操作部位

应用机型：大花楼束综提花机

机颈子

用途：机身竹筘至局头的部位

应用机型：大花楼束综提花机

腰机腿

用途：支撑机身立柱

应用机型：大花楼束综提花机

腰机横挡

用途：机身横挡

应用机型：大花楼束综提花机

机身横挡

用途：机身横挡

应用机型：大花楼束综提花机

排雁

用途：织机后部的两根主直木

应用机型：大花楼束综提花机

排檐

用途：织机后部的两根主直木

应用机型：大花楼束综提花机

排雁槽

用途：排雁连接机身之槽

应用机型：大花楼束综提花机

鼎桩

用途：机后顶枪脚木桩

应用机型：大花楼束综提花机

顶桩

用途：机后顶枪脚木桩

应用机型：大花楼束综提花机

枪脚

用途：经轴支架

应用机型：大花楼束综提花机

枪脚盘

用途：经轴支架底座

应用机型：大花楼束综提花机

拖泥

用途：经轴支架底座

应用机型：大花楼束综提花机

站桩

用途：固定机腿的石桩

应用机型：大花楼束综提花机

抵机石

用途：埋在机头之石，用于固定

机身

应用机型：大花楼束综提花机

鼎机石

用途：埋在机头之石，用于固定机身

应用机型：大花楼束综提花机

顶机石

用途：埋在机头之石，用于固定机身

应用机型：大花楼束综提花机

排枪槽

用途：排雁连接机身之槽

应用机型：大花楼束综提花机

后靠背楼子

用途：机头上方木架

应用机型：小花楼束综提花机

门楼

用途：机头上方木架

应用机型：小花楼束综提花机、大花楼束综提花机

花门

用途：门楼各部件总称

应用机型：大花楼束综提花机

椿子

用途：上开口地综（起综）

应用机型：小花楼束综提花机

三架梁

用途：安装弓棚用

应用机型：大花楼束综提花机

高佬

用途：三架梁高支柱

应用机型：大花楼束综提花机

矮佬

用途：三架梁低支柱

应用机型：大花楼束综提花机

鸭子嘴

用途：三架梁低支柱

应用机型：大花楼束综提花机

鸡冠

用途：调节三架梁高低

应用机型：大花楼束综提花机

赶着力

用途：安鹦哥架用

应用机型：大花楼束综提花机

鹦哥架

用途：安鹦哥架用

应用机型：大花楼束综提花机

鹦哥

用途：提范子之杠杆

应用机型：大花楼束综提花机

鸽子笼

用途：鹦哥架

应用机型：大花楼束综提花机

仙桥

用途：鹦哥架

应用机型：大花楼束综提花机

城墙垛

用途：鹦哥架
应用机型：大花楼束综提花机

穿心干

用途：鹦哥子轴
应用机型：大花楼束综提花机

穿心竹

用途：鹦哥子轴
应用机型：大花楼束综提花机

过山龙

用途：鹦哥子轴
应用机型：大花楼束综提花机

菱角钩

用途：鹦哥下挂范子用
应用机型：大花楼束综提花机

干出力

用途：与鹦哥架对称之木
应用机型：大花楼束综提花机

滚头

用途：上开口地综（起综），下开口地综（伏综）
应用机型：小花楼束综提花机

栈

用途：下开口地综
应用机型：大花楼束综提花机

障

用途：下开口地综
应用机型：大花楼束综提花机

障子

用途：下开口地综
应用机型：大花楼束综提花机

范子

用途：上开口地综
应用机型：大花楼束综提花机

扒挡竹

用途：分隔范、障子用
应用机型：大花楼束综提花机

合挡竹

用途：分隔范、障子用
应用机型：大花楼束综提花机

隔障竹

用途：分隔范、障子用
应用机型：大花楼束综提花机

蘸椿子

用途：下开口地综（伏综）
应用机型：小花楼束综提花机

特儿木

用途：提起综之杠杆，又称鸦儿木
应用机型：小花楼束综提花机

老鸦翅

用途：提起综之杠杆，又称鸦儿木
应用机型：小花楼束综提花机

梓人遗制

古法今观——中国古代科技名著新编

丫儿

用途：提起综之杠杆，又称鸦儿木

应用机型：小花楼束综提花机

立人子

用途：鸦儿木支架

应用机型：小花楼束综提花机

立人箐

用途：撞杆与狮子口之梢

应用机型：大花楼束综提花机

立人钉

用途：立人摆动之轴心

应用机型：大花楼束综提花机

立人芯

用途：立人摆动之轴心

应用机型：大花楼束综提花机

狮子口

用途：立人上开口

应用机型：大花楼束综提花机

立人盘

用途：立人基座

应用机型：大花楼束综提花机

贵连

用途：用于支托撞机石

应用机型：大花楼束综提花机

鬼脸

用途：用于支托撞机石

应用机型：大花楼束综提花机

托盘石

用途：增加撞击力

应用机型：大花楼束综提花机

撞机石

用途：增加撞击力

应用机型：大花楼束综提花机

立人桩

用途：固定立人之石桩

应用机型：大花楼束综提花机

海底

用途：立人底座

应用机型：大花楼束综提花机

鸟坐木

用途：固定鸦儿木之轴

应用机型：小花楼束综提花机

铁铃

用途：连接鸦儿木与起综

应用机型：小花楼束综提花机

后顺枨

用途：安放立人子的木条

应用机型：小花楼束综提花机

弓棚

用途：伏综回复装置

应用机型：装置小花楼束综提花机

弓棚蔑

用途：障子回复装置

应用机型：大花楼束综提花机

弓篷

用途：障子回复装置
应用机型：大花楼束综提花机

豆腐箱

用途：固定弓篷用
应用机型：大花楼束综提花机

龙骨

用途：纤线编组定位竹杆，用于转纤线
应用机型：大花楼束综提花机

千斤筒

用途：吊挂纤线之竹筒
应用机型：大花楼束综提花机

纤线

用途：提花综线
应用机型：大花楼束综提花机

牵线

用途：提花综线
应用机型：大花楼束综提花机

脊刺

用途：范子编组定位竹杆，用于转范子
用途：大花楼束综提花机

范脊子

用途：范子编组定位竹杆，用于转范子
应用机型：大花楼束综提花机

五星绳

用途：连接横沿竹与鹦哥
应用机型：大花楼束综提花机

拽范绳

用途：连接横沿竹与鹦哥
应用机型：大花楼束综提花机

竖沿绳

用途：连接横沿竹与鹦哥
应用机型：大花楼束综提花机

涩木

用途：伏综回复装置
应用机型：小花楼束综提花机

塞木

用途：伏综回复装置
应用机型：小花楼束综提花机

弓棚架

用途：固定弓棚用
应用机型：小花楼束综提花机

弓棚绳

用途：连接障与弓棚
应用机型：大花楼束综提花机

钧障绳

用途：连接障与弓棚
应用机型：大花楼束综提花机

吊障绳

用途：连接障与弓棚
应用机型：大花楼束综提花机

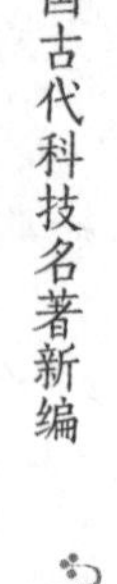

络脚绳

用途：连接踏杆与横沿竹
应用机型：大花楼束综提花机

连脚绳

用途：连接踏杆与横沿竹
应用机型：大花楼束综提花机

肚带绳

用途：连接障与带障绳
应用机型：大花楼束综提花机

钓蔑

用途：从鹦哥吊范子
应用机型：大花楼束综提花机

前顺枨

用途：安放弓棚架的木条
应用机型：小花楼束综提花机

踏肺棒

用途：脚踏杆
应用机型：小花楼束综提花机

横沿竹

用途：连接鸦儿木和脚踏杆之木，连接鹦哥和脚竹
应用机型：小花楼束综提花机、大花楼束综提花机

横眼竹

用途：连接鹦哥和脚竹
应用机型：大花楼束综提花机

脚竿竹

用途：控制范、障运动的脚踏杆
应用机型：大花楼束综提花机

踏杆

用途：脚踏杆
应用机型：大花楼束综提花机

老鼠尾

用途：固定横沿竹左端
应用机型：大花楼束综提花机

老鼠闩

用途：固定横沿竹左端
应用机型：大花楼束综提花机

天平架

用途：架横沿竹用
应用机型：大花楼束综提花机

脚竹钉

用途：穿在脚竹顶端的粗铁丝固定踏杆一端
应用机型：大花楼束综提花机

脚竹芯

用途：固定踏杆一端
应用机型：大花楼束综提花机

机楼

用途：提花装置
应用机型：小花楼束综提花机

花楼

用途：提花装置

应用机型：小花楼束综提花机

机楼扇子立频

用途：提花楼柱子

应用机型：小花楼束综提花机

楼柱

用途：提花楼柱子

应用机型：大花楼束综提花机

花楼柱

用途：装花本支柱

应用机型：大花楼束综提花机

冲天柱

用途：装花本支柱

应用机型：大花楼束综提花机

冲天云柱

用途：装花本支柱

应用机型：小花楼束综提花机

横挡

用途：楼柱横挡

应用机型：大花楼束综提花机

楼柱横挡

用途：楼柱横挡大花楼

应用机型：大花楼束综提花机

燕翅搁

用途：提花坐板用

应用机型：大花楼束综提花机

八字撑

用途：燕翅下斜撑

应用机型：大花楼束综提花机

小排雁

用途：燕翅内侧木板

应用机型：大花楼束综提花机

椿橙盖

用途：盖冲天柱

应用机型：大花楼束综提花机

盖头

用途：盖楼柱顶

应用机型：大花楼束综提花机

火轮圈

用途：盖楼柱顶

应用机型：大花楼束综提花机

龙脊杆子

用途：盖冲天柱

应用机型：小花楼束综提花机

遏脑

用途：盖楼柱顶

应用机型：小花楼束综提花机

文轴子

用途：提花本滚柱，又名叫机

应用机型：小花楼束综提花机

花鸡

用途：提花本滚柱

应用机型：大花楼束综提花机

花机

用途：提花本滚柱

应用机型：大花楼束综提花机

魁挑橙

用途：装花鸡支架

应用机型：大花楼束综提花机

花锛

用途：装花鸡支架

应用机型：大花楼束综提花机

枕头

用途：枕拽花坐板

应用机型：大花楼束综提花机

坐板枕头

用途：枕拽花坐板

应用机型：大花楼束综提花机

大坐板

用途：拽花者坐板

应用机型：大花楼束综提花机

拽花坐板

用途：拽花者坐板

应用机型：大花楼束综提花机

井口木

用途：拉花者坐木

应用机型：小花楼束综提花机

花楼架木

用途：拉花者坐木

应用机型：小花楼束综提花机

接板

用途：拉花者坐木

应用机型：小花楼束综提花机

牵拔

用途：吊挂花本线之横木

应用机型：小花楼束综提花机

花本线

用途：花本上直线

应用机型：小花楼束综提花机、大花楼束综提花机

脚子线

用途：花本上直线

应用机型：大花楼束综提花机

架花竹

用途：挂花本用

应用机型：大花楼束综提花机

撷花线

用途：花本上横线

应用机型：小花楼束综提花机

耳子线

用途：花本上横线

应用机型：大花楼束综提花机

打经板

用途：压于经线上

应用机型：大花楼束综提花机

打丝板

用途：压于经线上
应用机型：大花楼束综提花机

起撤竹

用途：编纤线的猪脚
应用机型：大花楼束综提花机

渠撤竹

用途：编纤线的猪脚
应用机型：大花楼束综提花机

渠头竹

用途：编纤线的猪脚
应用机型：大花楼束综提花机

直线

用途：提花综线，与花本线相连
应用机型：小花楼束综提花机

冲盘

用途：使综线均匀分布于竹架
应用机型：小花楼束综提花机

冲脚

用途：综线底部的小竹棍，可使综线回落
应用机型：小花楼束综提花机

猪脚

用途：综线底部的小竹棍，可使综线回落
应用机型：大花楼束综提花机

柱脚

用途：综线底部的小竹棍，可使综线回落
应用机型：大花楼束综提花机

猪脚盘

用途：编排猪脚的竹竿
应用机型：大花楼束综提花机

猪脚盆

用途：编排猪脚的竹竿
应用机型：大花楼束综提花机

柱脚盘

用途：编排猪脚的竹竿
应用机型：大花楼束综提花机

猪脚线

用途：综线与猪脚的连线
应用机型：大花楼束综提花机

柱脚线

用途：综线与猪脚的连线
应用机型：大花楼束综提花机

柱脚坑

用途：容放猪脚的坑
应用机型：大花楼束综提花机

机坑

用途：容放猪脚的坑
应用机型：大花楼束综提花机

旗脚足

用途：综线底部的小竹棍，可使综线回落
应用机型：小花楼束综提花机

旗脚线

用途：综线与冲脚的连线
应用机型：小花楼束综提花机

旗坑潭

用途：容冲脚之坑
应用机型：小花楼束综提花机

筘

用途：打纬用
应用机型：小花楼束综提花机、大花楼束综提花机

竹筘

用途：打纬用
应用机型：大花楼束综提花机

筘齿

用途：筘齿
应用机型：大花楼束综提花机

边齿

用途：用于边经之筘
应用机型：大花楼束综提花机

核齿核挡

用途：筘上标记
应用机型：大花楼束综提花机

黑齿黑挡

用途：筘上标记
应用机型：大花楼束综提花机

上筐

用途：上筘筐
应用机型：大花楼束综提花机

筐匣

用途：上筘筐
应用机型：大花楼束综提花机

下筐

用途：下筘筐
应用机型：大花楼束综提花机

筐盖

用途：下筘筐
应用机型：大花楼束综提花机

筐闩

用途：连接上、下筘框
应用机型：大花楼束综提花机

底条

用途：筘框边托梭板
应用机型：木花楼束综提花机

筘框

用途：筘框
应用机型：小花楼束综提花机

吊框绳

用途：悬挂筘用
应用机型：大花楼束综提花机

吊筐绳

用途：悬挂筘用
应用机型：大花楼束综提花机

钓筐绳

用途：悬挂筘用

应用机型：大花楼束综提花机

牛眼珠圈

用途：吊筐绳上铁环
应用机型：大花楼束综提花机

牛眼睛

用途：吊筐绳上铁环
应用机型：大花楼束综提花机

吊筐子

用途：吊筐绳上铁环
应用机型：大花楼束综提花机

扶梭板

用途：框边部件
应用机型：大花楼束综提花机

护梭板

用途：框边部件
应用机型：大花楼束综提花机

扶撑

用途：辐撑
应用机型：大花楼束综提花机

辐撑

用途：辐撑
应用机型：大花楼束综提花机

筘腔

用途：筘框
应用机型：小花楼束综提花机

鹅材

用途：连接上下筘框用
应用机型：小花楼束综提花机

鹅口

用途：筘框上连接撞杆处
应用机型：小花楼束综提花机

燕子窝

用途：筘框上连接撞杆处
应用机型：大花楼束综提花机

撞竿

用途：连接立人与筘之柄
应用机型：大花楼束综提花机

樟杆

用途：连接立人与筘之柄
应用机型：大花楼束综提花机

撞杆

用途：连接立人与筘之柄
应用机型：大花楼束综提花机

虾须绳

用途：系撞杆与筘用
应用机型：大花楼束综提花机

搭马

用途：控制撞杆运动
应用机型：大花楼束综提花机

高压板

用途：控制撞杆运动
应用机型：大花楼束综提花机

将军柱

用途：连接搭马之踏杆

应用机型：大花楼束综提花机

搭马竹

用途：连接搭马之踏杆
应用机型：大花楼束综提花机

踏马竹

用途：连接搭马之踏杆
应用机型：大花楼束综提花机

锯齿

用途：调节撞杆制动位置
应用机型：大花楼束综提花机

锯子齿

用途：调节撞杆制动位置
应用机型：大花楼束综提花机

钓鱼杆

用途：调节搭马之弹簧
应用机型：大花楼束综提花机

过梭板

用途：放梭子的搁板
应用机型：大花楼束综提花机

搁梭板

用途：放梭子的搁板
应用机型：大花楼束综提花机

捋滚绳

用途：悬挂筘用
应用机型：小花楼束综提花机

立杆

用途：连接立人子与筘之柄
应用机型：小花楼束综提花机

送竿棒

用途：连接立人子与筘之柄
应用机型：小花楼束综提花机

叠助

用途：撞杆支架，以增加筘打纬之力
应用机型：小花楼束综提花机

卧牛子

用途：立人子基座
应用机型：小花楼束综提花机

梭子

用途：投纬用
应用机型：小花楼束综提花机、大花楼束综提花机

文刀

用途：织金线用
应用机型：大花楼束综提花机

文刀头

用途：织金线用
应用机型：大花楼束综提花机

纹刀头

用途：织金线用
应用机型：大花楼束综提花机

边鹅眼

用途：纹刀头小眼
应用机型：大花楼束综提花机

纬绷

用途：装纬管用

应用机型：大花楼束综提花机

纬盆

用途：装纬管用

应用机型：大花楼束综提花机

卷轴

用途：卷布轴

应用机型：小花楼束综提花机

锯头

用途：卷布轴

应用机型：大花楼束综提花机

局头

用途：卷布轴

应用机型：大花楼束综提花机

衬局

用途：卷轴上衬纸

应用机型：大花楼束综提花机

局头槽

用途：卷轴上水槽

应用机型：大花楼束综提花机

扎伏

用途：槽中竹压条

应用机型：大花楼束综提花机

穿扎

用途：槽中竹压条

应用机型：大花楼束综提花机

压伏槽

用途：外木压条

应用机型：大花楼束综提花机

拖机布

用途：卷轴上盖布

应用机型：大花楼束综提花机

轴

用途：卷布轴

应用机型：小花楼束综提花机

兔耳

用途：卷布轴座基

应用机型：小花楼束综提花机

紧交棒

用途：绞紧卷轴用

应用机型：小花楼束综提花机

紧交绳

用途：绞绳

应用机型：小花楼束综提花机

坐机板

用途：织工坐板

应用机型：小花楼束综提花机

坐板

用途：织工和拽工坐板

应用机型：大花楼束综提花机

滕子轴

用途：经轴

应用机型：小花楼束综提花机

的杠

用途：经轴
应用机型：小花楼束综提花机

狗头

用途：经轴
应用机型：小花楼束综提花机

敌花

用途：经轴
应用机型：大花楼束综提花机

迪花

用途：经轴
应用机型：大花楼束综提花机

包迪布

用途：经轴衬布
应用机型：大花楼束综提花机

狗脑

用途：卷轴轴座
应用机型：大花楼束综提花机

搅尺

用途：绞紧卷轴用
应用机型：大花楼束综提花机

较尺

用途：绞紧卷轴用
应用机型：大花楼束综提花机

绞尺

用途：绞紧卷轴用
应用机型：大花楼束综提花机

千斤桩

用途：绞尺支点
应用机型：大花楼束综提花机

辫

用途：绞绳
应用机型：大花楼束综提花机

辫带踏马竹

用途：绞绳
应用机型：大花楼束综提花机

短绳

用途：计织成长度
应用机型：大花楼束综提花机

遭线

用途：计织成长度
应用机型：大花楼束综提花机

遭线管

用途：计织成长度
应用机型：大花楼束综提花机

海底楔

用途：卷座下部紧固件
应用机型：大花楼束综提花机

靠山楔

用途：轴座侧紧固件
应用机型：大花楼束综提花机

称庄

用途：经轴支架
应用机型：小花楼束综提花机

耳版

用途：经轴定位齿轮
应用机型：小花楼束综提花机

羊角

用途：经轴定位齿轮
应用机型：大花楼束综提花机

打角方

用途：制动羊角用
应用机型：大花楼束综提花机

搭角方

用途：制动羊角
应用机型：用大花楼束综提花机

拽放绳

用途：手拉放经轴
应用机型：大花楼束综提花机

老缩绳

用途：套住羊角
应用机型：大花楼束综提花机

边扒

用途：卷绕边经用
应用机型：大花楼束综提花机

边爬

用途：卷绕边经用
应用机型：大花楼束综提花

绺头爬

用途：卷绕经轴余丝用
应用机型：大花楼束综提花机

扶边绳

用途：防止纬管滚出
应用机型：大花楼束综提花机

伏辫绳

用途：防止纬管滚出
应用机型：大花楼束综提花机

海棒

用途：找断头竹棒
应用机型：大花楼束综提花机

云棒

用途：找断头竹棒
应用机型：大花楼束综提花机

核棒

用途：找断头竹棒
应用机型：大花楼束综提花机

02 泛床子

所谓的泛床子就是整经机的机架，是为整经机服务的。整经就是将一定根数的经纱按规定的长度和宽度平行卷绕在经轴或织轴上的工艺过程。经过整经的经纱供浆纱和穿经之用。整经要求各根经纱张力相等，在经轴或织轴上分布均匀，色纱排列符合工艺规定。原始的整经用手工进行，中国春秋战国时期在丝织生产中采用耙式整经。

《梓人遗制》中记载了经耙整经法。在掌扇图中，丝线从飞子上引出，穿过导丝眼，经掌扇分为上下两层，接着成绞，然后将绞中束丝绕于经耙的木桩上、木桩数决定整经长度。经耙整经是分条整经的初期形态。卧式经耙整经在清人著《豳风广义》和《蚕桑萃编》中均有记载。轴架整经机见于南宋《耕织图》中。手工织制棉、麻织物的整经则采用横架整经，先将一定根数的经纱分别绕在木架的桩头上，然后将经纱引出取下，分梳排齐再卷绕在织轴上，这种整经法至今仍用于织制夏布。现代生产中根据不同工艺要求采用轴经（分批）、分条（条带）、分段和球经整经四种方法。

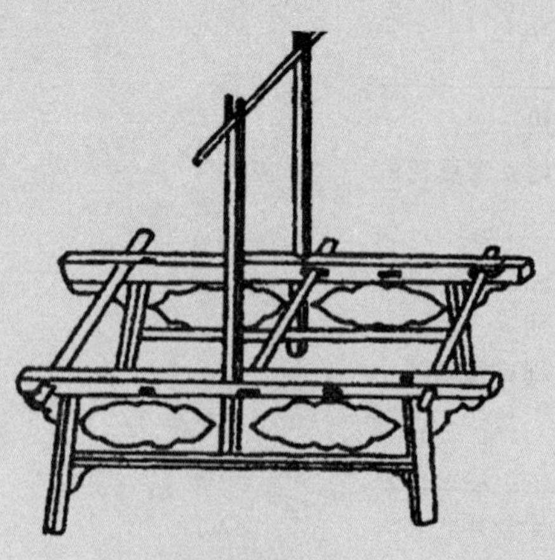

泛床子模型图

用　材

原典

造泛床子[①]之制，上至立人子头[②]，下至泛床子地，共高二尺一寸三分[③]，两边长与高同。

译文

制造整经机架的办法，向上至泛床子中间的树干，向下至泛床子地，共高二尺一寸三分，两边的长度与高一样。

注释

① 泛床子：整经机架。整经是织造准备的主要工序之一。在古代，丝织称作纲丝，整经所用的机架又称经架、经具、纲床。古代所用整经工艺的经具分两种：一种是经耙式，另一种是轴架式。《梓人遗制》中所列泛床子也含此两种，其中，经耙整经法所用工具之一为竖式掌扇，掌扇也叫分绞经牌，从掌扇上分出的上、下两层径丝，分别起出“交头”，这样就可以按规律地空综就织。

② 立人子头：立人子，泛床子机身中间坚杆，上有岔口，用于支撑横放的经杆。立人子头，即立人子的顶端。

③ 二尺一寸三分：约合 66.88 厘米。

整经

整经是织造前必不可少的工序之一，其作用是将许多籰子上的丝，按需要的长度和幅度，平行排列地卷绕在经轴上，以便穿筘、上浆、就织。古代整经用的工具叫经架、经具或纲床，整经形式分经耙式和轴架式两种。

《天工开物》中的经耙式整经图

《农书》中的轴架式整经图

原典

边[①]，长二尺一寸三分，广一寸六分，厚八分。先从边头上量一寸，边上留三分，向里画第一个梁子眼[②]。第一个梁子眼外空二寸二分，画第二个梁子眼[③]。第二个梁子眼外空三寸，画第三个梁子眼[④]。此眼外楞上侧面，凿立人子眼[⑤]。第三个梁子眼外空三寸三分[⑥]。画第四个梁子眼[⑦]。第四个梁子眼外空一寸四分，画第五个梁子眼[⑧]。前后梁子眼长则不同，各广三分。

注释

① 边：《永乐大典》本原注："俗谓之枢。"边，搭构泛床子的主要架梁，其幅长即为泛床子宽度。

② 第一个梁子眼：《永乐大典》本原注："梁子眼长二寸三分。"

③ 第二个梁子眼：《永乐大典》本原注："眼长一寸八分。"

④ 第三个梁子眼：《永乐大典》本原注："眼子长一寸。"

⑤ 立人子眼：《永乐大典》本原注："长八分，广五分。"

⑥ 三寸三分：约合 10.36 厘米。

⑦ 第四个梁子眼：《永乐大典》本原注："眼长一寸八分。"

⑧ 第五个梁子眼：《永乐大典》本原注："眼长二寸三分。"

译文

边框，长二尺一寸三分，宽一寸六分，厚八分。先从边头上方量一寸，边上留三分，向里画第一个梁子眼。第一个梁子眼外空二寸二分，划第二个梁子眼。第二个梁子眼外空三寸，画第三个梁子眼。此眼外棱上侧面，开凿经机架子眼。第三个梁子眼外空三寸三分，画第四个梁子眼。第四个梁子眼外空一寸四分，画第五个梁子眼。前后梁子眼长则不同，各宽三分。

原典

脚子樘上高九寸二分[①]，广一寸三分[②]，厚同边脚，除上卯向下量三寸，画顺樘榥眼。立人子边向上高一尺二寸，广与边同厚八分，上开口子深五分，下卯栓透樘榥。顺樘个随脚顺之长，广随脚之厚，厚一寸三分。

注释

① 九寸二分：约合 28.89 厘米。

② 一寸三分：约合 4.08 厘米。

译文

脚子木檐向上高九寸二分，宽一寸三分，厚同边脚，除上卯向下量三寸，画顺樘棂眼。经架边向上高一尺二寸，宽与边同厚八分，向上开口子深五分，下面卯栓透樘棂。顺樘各随脚顺之长，宽随脚之厚，厚一寸三分。

纺车的历史之谜

《农书》中的手摇纺车

纺车最早出现在什么年代，目前还无法确定。关于纺车的文献记载最早见于西汉扬雄（前53年—后18年）的《方言》，在《方言》中叫作“维车”和“道轨”。单锭纺车最早的图像见于山东临沂金雀山西汉帛画和汉画像石。到目前为止，已经发现的有关纺织画像石不下八块，其中刻有纺车图的有四块。如1956年江苏铜山洪楼出土的画像石上面刻有几个形态生动的人物正在纺丝、织绸和调丝操作的图像，它展示了一幅汉代纺织生产活动的情景。由此可以看出纺车在汉代已经成为普遍的纺织工具。因此，也不难推测，纺车的出现应该是比汉代早的。

原典

梁子[①]长二尺六寸，广一寸，厚三分五厘。

注释

①梁子：《永乐大典》本原注：“用三条杂硬木植。”

译文

横梁长二尺六寸，宽一寸，厚三分五厘。

原典

凡泛床子，是华机子内白踏搊蘸桩子打缯线[①]上使用，随此准用。

注释

①打缯线：将丝线缠在经把上，作经线用。缯，丝织品的总称。

译文

大凡经机架，是华机子内的白踏搊蘸桩子打缯线上使用的，达到这个标准才能使用。

功　限

原典

一个全造完备一功五分。

如有牙口二功。

译文

一个功能完备整经架子制作需要一工半。如果有牙口的需要两个工。

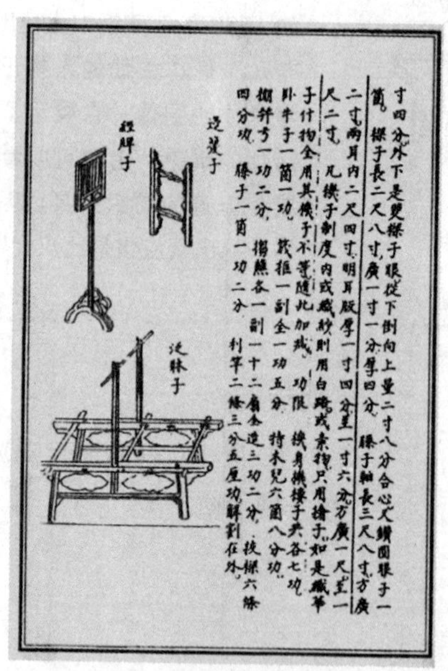

《永乐大典》中的织机内容

03 掉篗座①

掉篗座，缫车发明以前，缫丝时的绕丝工具，最初大概只是简单的H型架子，战国时改进成辘轳式的缫丝𬨎。缫丝𬨎是手摇缫车的雏形，用竹制成，四角或六角，用短辐交互连接，中贯以轴，使用时放在缫釜上面，用时直接拨动使之不断回转，将缫釜中引出的丝条直接缠绕在𬨎框上。秦汉以后，成形的手摇缫车才出现。唐代手摇缫车的使用已相当普遍，宋代手摇缫车得到进一步完善，并出现了有关具体形制的记载，其制据秦观《蚕书》介绍，系由灶、锅、钱眼（作用是合并绪丝）、锁星（导丝滑轮，并有消除丝缕上颣节的作用）、添梯（使丝分层卷绕在丝框上的横动导丝杆）、丝钩、丝𬨎、车架等部分组成。缫前，需将茧锅里的丝先穿过集绪的『钱眼』，绕过导丝滑轮『锁星』，再通过横动导丝杆『添梯』和送丝钩，绕在丝𬨎上。缫时，须两人合作，一人投茧、索绪、添绪，一人手摇丝𬨎。元代初年，生产效率远较手摇缫车高出许多的脚踏纺车开始普及，手摇缫车在各地的使用日渐减少，但由于它结构简单，易于操作，有的地方仍在沿用，故清代《豳风广义》和《蚕桑萃编》两书，仍把手摇缫车作为一种有效的缫丝工具予以介绍。

脚踏缫车出现在宋代，是在手摇缫车的基础上发展起来的，

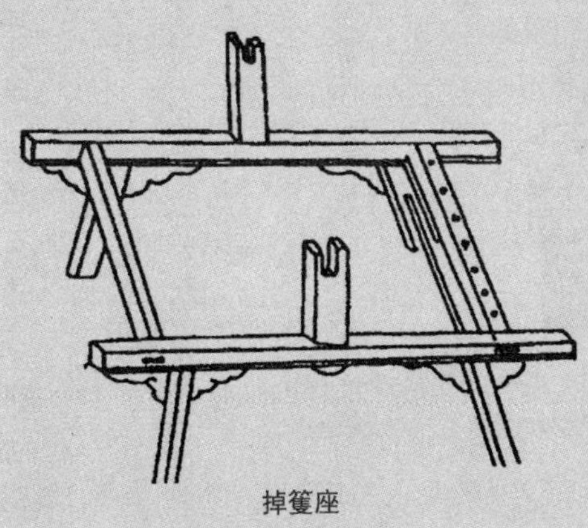

掉篗座

它的出现标志着古代缫丝机具的新成就。脚踏缫车结构系由灶、锅、钱眼、缫星、丝钩、轩、曲柄连杆、足踏板等部分配合而成。与手摇缫车相比，只是多了脚踏装置，即丝轩通过曲柄连杆和脚踏杆相连，丝轩转动不是用手拨动，而是用脚踏动踏杆做上下往复运动，通过连杆使丝轩曲柄做回转运动，利用丝轩回转时的惯性，使其连续回转，带动整台缫车运动。用脚代替手，使缫丝者可以用两只手来进行索绪、添绪等工作，从而大大提高了生产力。元代脚踏缫车有南北两种形制，从王祯《农书》所绘南北缫车图来看，北缫车车架较低，机件比较完整，丝的导程较南缫车短，可缫双缴丝，而南缫车只能缫单缴丝。这两种车效率虽高，但缫丝者都是背对丝轩站着操作，劳动强度偏大，对丝轩卷绕情况的观察也不是太好。因此，在明代的时候又出现了一种坐式脚踏缫车，这种车缫丝者是坐于车前，面对丝轩工作的，克服了元代缫车的缺陷。

丝籰是古代的络丝工具，丝籰的作用相当于现代卷绕丝绪的筒管，但两者的形制是完全不同的。它的结构和用法是两根或六根竹箸由短辐交互连成，中贯以轴，手持轴柄，用手指推籰使之转动，便可将丝线绕于籰上。丝籰虽是一种简单的机械，但它的发明大大加速了牵经络纬的速度。

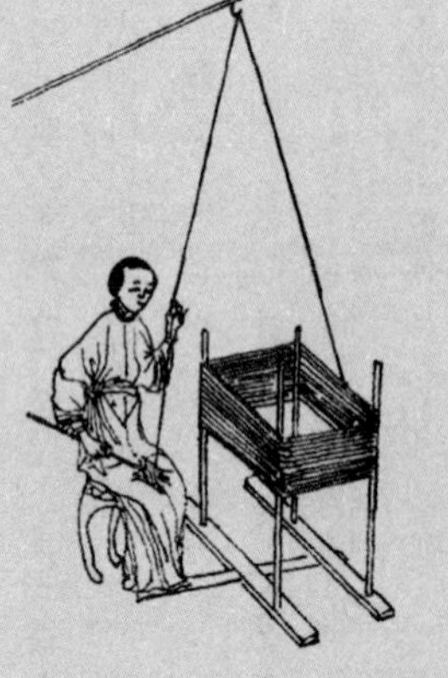

《豳风广义》中的手摇缫车

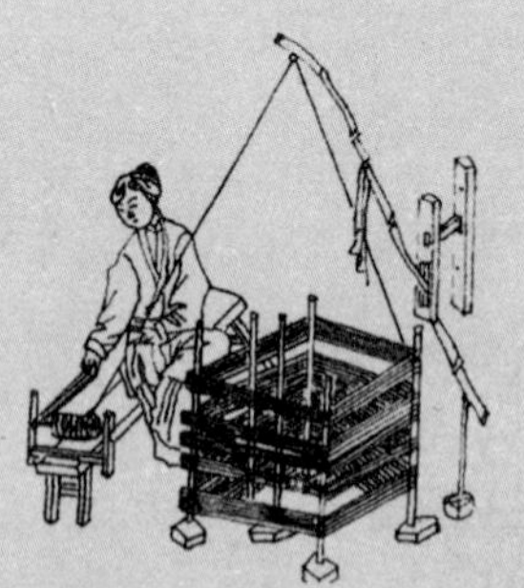

《蚕桑萃编》中的北络车图

用材

原典

造掉篗[①]之制，长三尺，广二尺一寸，上下高六寸，两棍已裹一尺三寸[②]明，心内安立人子。

边长三尺，广二寸，厚一寸五分[③]。

横两樘长二尺一寸，广一寸五分，厚一寸二分。

脚樫上高六寸，广厚与边同。立人子下除卯向上高七寸[④]，广厚同边。

篗轴长随两耳之内径，方广二寸四分，从轴心每壁各量七寸，外安辐四枝。或六枝减短。

辐枝[⑤]长一尺六寸，广一寸二分，厚一寸。

篗枝[⑥]长一尺七寸[⑦]，广一寸二分，厚一寸。

凡掉篗是打棍丝线经上使用，随此制度加减。

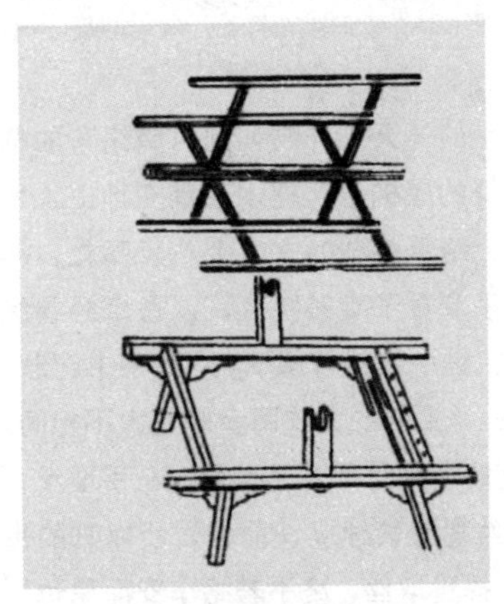

掉篗图释

注释

① 掉篗：古称缫丝，手摇过程中卷绕生丝用的框架为掉篗。

② 一尺三寸：约合 40.32 厘米。

③ 一寸五分：约合 4.1 厘米。

④ 立人子下除卯向上高七寸：原注："上开口子深一寸。"

⑤ 辐枝：掉篗的内支杆。

⑥ 篗枝：掉篗的外支杆。

⑦ 一尺七寸：约合 53.38 厘米。

《农书》中的经牌子，也称掌扇

译文

制造卷绕生丝的框架，长三尺，宽二尺一寸，上下高六寸，两个棍一尺三寸明，棍心内安架子。

架子边长三尺，宽二寸，厚一寸五分。

横着两边框长二尺一寸，宽一寸五分，厚一寸二分。

脚檐向上高六寸，宽厚与边同。架子下除卯外，向上高七寸，宽厚同边。

轴长随两耳之内径，方宽二寸四分，从轴心每面各量七寸，外安辐条四枝，或者减短的六枝。

辐条长一尺六寸，宽一寸二分，厚一寸。

卷丝框架外支杆长一尺七寸，宽一寸二分，厚一寸。

大凡用来缠绞生丝框架制作，大小按照此制度加减。

功　限

掉篗一个全造完备一功一分。

如是上有线子牙口造者三功五分。

译文

制造完备的缠生丝用的框架转子需要工时一工一分。

如果是上有线子牙口的需要工时三工五分。

络车

掉篗图释

络车是将缫车上脱下的丝绞转络到丝篗上的机具，它有南、北络车之分，王祯《农书》对北络车的构造和用法记载得比较详细，其文译成白话是：将缫车上脱下的丝胶，张于“柅”上，“柅”上作一悬钩，引丝绪过钩后，系于车上。其车之制，是以细轴穿篗，放于车座上的两柱之间。两柱一高一低，高柱上有一通槽，放篗轴的前端，低柱（上有一孔）放篗轴的末端。绳兜绕在篗轴上，手拉绳一引一放，则篗轴随转，丝于是就络在篗上了。宋应星的《天工开物》则对南络车的构造和用法记载得较具体，其文译成白话是：在光线好的屋檐下，把木架铺在地上，木架上插四根竹竿，名叫“络笃”。丝套在四根竹上，络笃旁边的立柱上八尺高处，斜安一小竹竿，上面装一个月牙钩，丝悬挂在钩内。手拿篗子旋转绕丝，以备牵经卷纬时用。小竹竿的一头坠石，成为活头，接断丝时，一拉绳小钩就可落下。对比两书记载，南、北络车都用张丝的“柅”和卷绕丝线的“篗”，但丝上篗的方式两者却是大不相同。北络车是用右手牵绳掉篗，左手理丝，绕到篗上；南络车则是用右手抛篗，左手理丝，绕到篗上。由于北络车转篗动作采取了机械方式，丝篗旋转速度快而稳，所以它的生产效率和络丝质量远较南络车为优，古人所谓“南人掉篗取丝，终不若络车安而稳也”的评论，正是对此而言。

04 立机子

立机子是古代踏板织机的一种，由于所织丝物经面垂直而得名。踏板织机不同于原始社会织机的地方在于开口结构，踏板织机利用脚踏板提综开口取代原来手的提综开口，利于织布工腾出手来专门用于打梭打梭，从而大大提高了生产力。

踏板织机有两种，一是倾斜式踏板织布机，一是矗立式踏板织布机。前者早在我国的春秋战国时代就出现了，后者出现在魏晋时期，踏板织机的立机子是前者的发展，是我国踏板织机最为巧妙的一种，在甘肃敦煌莫高窟五代十国的《华严经》壁画中出现过，此后山西高平开化寺北宋壁画也有记载。立机子最为详尽的记载就是元代薛景石《梓人遗制》中。

立机子的基本原理就是织工用脚踏板，长脚踏板带动连杆顶起右手，于是中轴向前运动，前手掌下降，这时滕子下降张力放松。中轴向前转的同时，中轴上的垂手子向后移，拉动与垂手子相连的曲胳肘子，曲胳肘子又带动鸦儿木往后，其另一端就把悬鱼儿往前拉。这样，综片就提起经线作一次开口。然后另一只脚踏板，原理基本上同，如此周而复始，成就一个织布过程。

主机子的开口运动过程及原理同立机子的基本操作相同，只是在综片提起经线作一次开口后，织工要踏下短脚踏，与短脚踏相连的连杆被往下拉，中轴向后转动，前掌手上升，顶起掌滕木，滕子也随之上升，垂手子向前移动，推动曲胳肘子，悬鱼儿通过鸦儿木得到放松，穿过综片的一组经丝被放松，而由曲胳肘子中间压经木控制的一组经丝则位于经丝上层，形成新的开口。以上运动过程中述及机件在下面注释中均有说明，唯提到的『连种』在原文中缺漏。连杆，分别连接左引手与短踏脚、右引手与长踏脚，木料宜用刚性佳者，长度与短脚踏相连者为四十二寸，与长脚踏相连者为二十九寸。

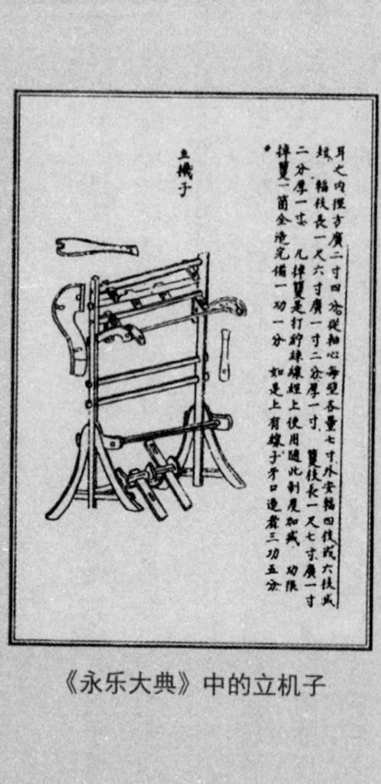

《永乐大典》中的立机子

用材

原典

造机子之制，机身长五尺五寸至八寸[①]，径广二寸四分，厚二寸，横广三尺二寸。先从机身头上向下量摊卯眼[②]，上留二寸，向下画小五木眼。小五木眼[③]下空一寸六分横榥眼，横榥眼[④]下空一寸六分大五木眼，大五木眼[⑤]下顺身前面[⑥]下量三寸外马头眼[⑦]。马头下二尺八寸[⑧]，机胳膝眼[⑨]。机胳膝上，马头下身子合心横榥眼[⑩]。胳膝眼下量六寸，前后顺栓眼[⑪]。顺栓眼下，前脚柱[⑫]下留七寸，后脚眼下留四寸[⑬]。身子后下脚栓[⑭]上离一寸，是脚踏五木榥眼[⑮]。心内上安兔耳，各离六寸。前脚长二尺四寸[⑯]。

译文

制造立机子的方法，机身长五尺五寸至八寸，径宽二寸四分，厚二寸，横宽三尺二寸。首先从机身头上向下量均摊打卯眼的距离，上方留二寸，向下画机身上端木眼。小五木眼以下空出一寸六分机身挡木眼，机身挡木眼向下空一寸六分大五木眼，大五木眼以下顺着机身前面向下量三寸伸出机身板眼。机身下木板眼向下二尺八寸，用于固定卷轴长度的机架。机胳膝眼以上，马头下身子中心横榥眼。胳膝眼向下量六寸，前后是顺栓眼。顺栓眼以下，机身前脚柱下留七寸，机身后脚眼下留四寸。身子后下脚栓向上离一寸，是脚踏五木榥眼。心内上安把手，各离六寸。前脚长二尺四寸。

注释

① 机身长五尺五寸至八寸：机身是指立机机身直立的主干木。库恩先生认为，五尺五寸至八寸是五尺五寸至六尺八寸之误，约合 127.7 厘米至 213.52 厘米，但为什么相差这么悬殊，没有说明。

② 量摊卯眼：量度一定的间距，分别凿出卯眼。

③ 小五木眼：小五木上面的孔眼。小五木，机身最上端的一根横木，上有掌手子一对，用于限定掌滕木，也称作上前掌手、中插滕木。《永乐大典》本原注："眼子方口八分。"

④ 横榥眼：横榥，机身挡木，主要作用是固定机架并限制部分零件，主要是垂手子的活动空间，生于两根机身之间，根数不定，约为两根至三根。此为两根，一根在小五木之下，大五木之上；另一根在马头之下，机胳膝之上。《永

乐大典》本原注："眼长一寸八分。"

⑤大五木眼：大五木，即中轴，是整个织机的中枢。《永乐大典》本原注："眼方圆一寸。"大五木后装引手，通过连杆将中轴与脚踏板相连牵动脚踏板。前装掌木，又称下前掌手，用于支撑滕木的下端。下装垂手，其口子与曲胳子相连，用于推拉压径木和推动综片运动。大五木比小五木大，织造以大五木为主，小五木为辅，配合起作用。

⑥顺身前面：顺，沿着同一方向。顺身，沿着机身同一方向，因为机身是矗立着的，故指沿着大五木眼继续往下方向。前面因为外马头眼与大五木眼不在机身的同侧凿眼，而是在机身立柱的外侧，相对于织工所在方向是前方，故名前面。

⑦马头眼：马头，马首也，一对伸出机身前的木板，板上有眼，眼长二寸，钻眼以承受豁丝木、高梁木、约缯木。作用如传动摇杆，提起综丝，形成下经纱层梭口。

⑧二尺八寸：约合 87.92 厘米。

⑨机胳膝眼：胳，原写作"肐"，为"胳"的异体字。机胳膝，织机上面用于固定卷轴长度的机架。《永乐大典》本原注："眼长二寸五分。"

⑩合心横榥眼：合心横榥，中间的横木。《永乐大典》本原注："或双用单用眼一寸八分。"

⑪顺栓眼：顺栓，连接五木榥即踏板横挡和机身的木挡。《永乐大典》本原注："眼长二寸。"

⑫脚柱：支撑机身的支架，中有机胳膝穿过机身和前后脚柱，前脚柱长后脚柱短。

⑬后脚眼下留四寸：《永乐大典》本原注："前长后短。"后脚眼，疑为后脚柱眼。

⑭下脚栓：疑漏字，下脚栓，应为下脚顺拴。

⑮脚踏五木榥眼：脚踏五木榥是安装踏板的横挡，挡如平板，长度与立机子的宽度相等，两头作榫穿于顺栓当中。立机需要两片脚踏板，故而脚踏五木上要安装四个兔耳，每对兔耳间钻有轴眼，以安装长、短脚踏，所以要有榥眼。《永乐大典》本原注："眼长二寸。"

⑯前脚长二尺四寸：《永乐大典》本原注："后脚减短二寸。"

原典

马头长二尺二寸，广六寸，厚一寸至一寸二分。机身前引出[①]一尺七寸。除机身内卯向前量二寸二分，凿豁丝木眼[②]。

主豁丝木眼斜向上量八寸，凿高梁木眼[③]。高梁木眼斜向下五寸二分[④]鸦儿木眼[⑤]。

注释

① 机身前引出：从机身面向织工位置的方向伸出。

② 豁丝木眼：豁丝木，用于分经开口的机件。豁，开口。《永乐大典》本原注："眼方圆八分。"眼位于马头上。

③ 高梁木眼：高梁木，用于固定经丝位置的机件。《永乐大典》本原注："同前。"即眼方圆八分。眼位于马头上。

④ 五寸二分：约合 16.35 厘米。

⑤ 鸦儿木眼：立机子的鸦儿木与豁丝木、高梁木一样都是机上的横木棍，作用如杠杆，上端与曲胳肘子连，下端与悬鱼儿连。鸦儿木眼位于马头上。

译文

伸出机前马头木板长二尺二寸，宽六寸，厚一寸至一寸二分。机身前引出一尺七寸。除了机身内卯向前量二寸二分，开凿豁丝木眼。

主豁丝木眼斜向上量八寸，开凿高梁木眼。高梁木眼斜向下五寸二分开凿鸦儿木眼。

水力大纺车

古代纺车的锭子数目一般是2至3枚，最多为5枚。宋元之际，随着社会经济的发展，在各种传世纺车机具的基础上，逐渐产生了一种有几十个锭子的大纺车。大纺车与原有的纺车不同，其特点是：锭子数目多达几十枚及利用水力驱动。这些特点使大纺车具备了近代纺纱机械的雏形，适应大规模的专业化生产。以纺麻为例，通用纺车每天最多纺纱 3 斤，而大纺车一昼夜可纺一百多斤。纺纱时，需使用足够的麻才能满足其生产能力。水力大纺车是中国古代将自然力运用于纺织机械的一项重要发明，如单就以水力作原动力的纺纱机具而论，中国比西方早了四个多世纪。

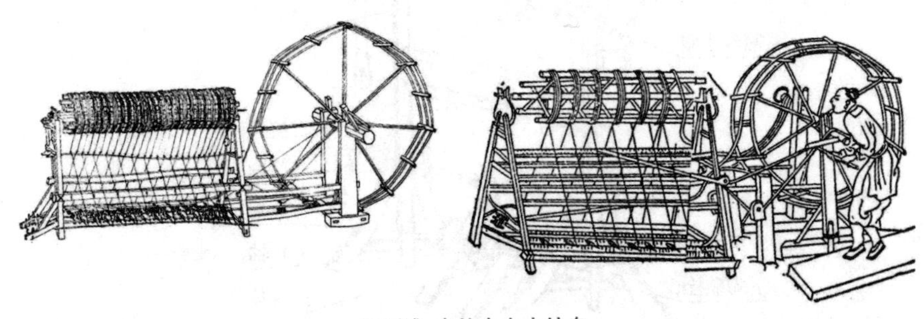

《农书》中的水力大纺车

原典

大五木长随两机身外楞齐[1]。两头除机身内卯向里量一寸，画前掌手子[2]眼，下是垂手子[3]眼。相栓五木后，除两下卯量向里合心，却向外各量[4]三寸，外画后头引手子眼[5]。

译文

大五木横向长随两机身外棱齐。两头除机身内卯向里量一寸，画前装在大五木掌手子眼，下是装在大五木下面的垂手子眼。相栓五木后，除去两个下卯数据向中心量，然后向外各量三寸，外画大五木后头引手子眼。

注释

① 大五木长随两机身外楞齐：楞齐，此指大五木横向长度与机身木外侧直边齐平。《永乐大典》本原注："木径方广二寸二分。"

② 掌手子：装在大五木上面，用于支撑滕子的机件。

③ 垂手子：装在大五木下面，用以推动综片运动。

④ 除两下卯量向里合心：从两边机身内侧向中心量。除，去掉。合心，中心点。

⑤ 却向外各量：然后再从中心点向外量。却，表示转折。

⑥ 外画后头引手子眼：后头引手子，装在大五木后头，由脚踏极牵动以推动综片运动的机件。《永乐大典》本原注："眼子各长一寸八分。"

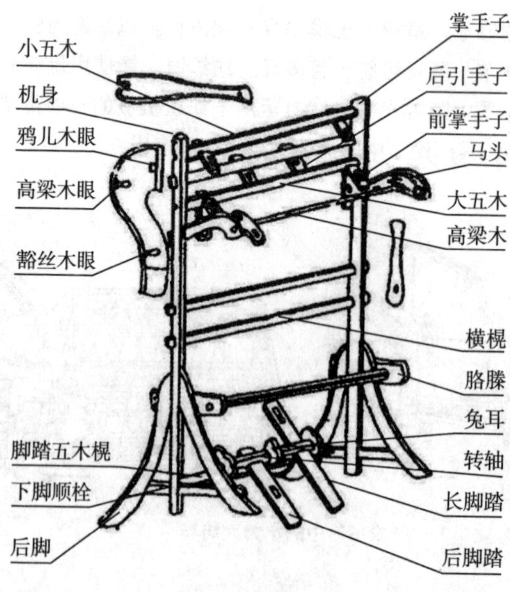

立机子各部分名称

原典

掌手子通长九寸[①]，广一寸八分，厚一寸二分。除卯量三寸四分，横钻塞眼，顺凿子口[②]。

垂子手长一尺二寸六分，广厚同前。除卯七寸四分，钻塞眼，开口子，与掌手子同。后引手子长广厚开口子与前同[③]，除卯量七寸六分。

小五木随大五木之长，广一寸六分至一寸八分[④]，厚一寸二分。掌手眼与大五木同，长加六分。

注释

①九寸：约合28.26厘米。

②顺凿子口：《永乐大典》本原注："口子各长二寸四分。"

③后引手子长广厚开口子与前同：此处漏述前引手子。

④一寸八分：约合5.65厘米。

译文

装在五木上面的掌手子通长九寸，宽一寸八分，厚一寸二分。除掉卯数据量三寸四分，横钻塞眼，顺着开凿子口。

装在五木下面的垂子手长一尺二寸六分，宽厚同前。除掉卯数据量七寸四分，钻塞眼，开口子，与五木上面的掌手子同。后引手子长宽厚开口子与前同，除掉卯数据测量七寸六分。

小五木同大五木一样长，宽一寸六分至一寸八分，厚一寸二分。掌手眼与大五木同，长度增加六分。

原典

机胳膝长一尺五寸[①]，厚一寸二分。机身向前量六寸，外画卷轴眼[②]。后卯栓透机身两脚。

卷轴长随机身胳膝外之齐径方广二寸，上开水槽[③]。掌滕木[④]长一尺六寸，广二寸，厚八分，上开口子深一寸五分，下除一寸钻塞眼，随上下掌手子取其方午[⑤]。

注释

①一尺五寸：约合47.1厘米。

②外画卷轴眼：卷轴，即卷布轴，长度与机身宽相等，圆榫方体。开卷轴眼，为安装卷轴之用。《永乐大典》本原注："方圆一寸。"

③水槽：位于卷布轴上，织前用于固定布头的凹槽。《永乐大典》本原注："长二尺二寸。"

④掌滕木：滕木，即经轴，掌滕木用于支撑滕木的木架，下由下前掌手支撑、

上由上前撑手扶持。

⑤方午：很难解释，疑为连接前掌手与掌滕木之间的索链。“午”有一种最原始的解释，即索形辔之类。郭沫若《甲骨文字研究》关于“午”字：“疑当是索形，殆驭马之辔也。”在织造中，当织工踏下长脚踏时，连杆顶起右引手，中轴向前转动，前掌手下降，掌滕木随之下降。当另一块短脚踏工作时，滕木随前掌手上升。

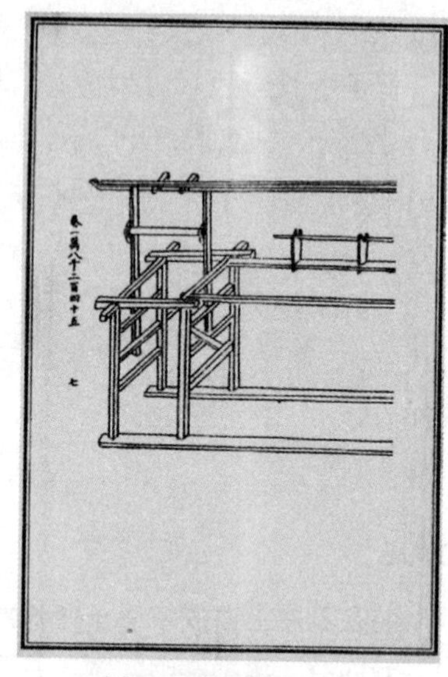

《永乐大典》中的机路滕

译文

机胳膝长一尺五寸，厚一寸二分。机身向前测量六寸，向外画卷轴眼。后面的卯栓透过机身两脚。

卷布轴长随机身胳膝外之齐径方宽二寸，上开凹槽。经轴长一尺六寸，宽二寸，厚八分，上开口子深一寸五分，下除掉一寸钻塞眼，随上、下掌手子制作链条。

原典

高梁木豁丝木约缯木[①]三条，随两马头内之长径广一寸六分，各圆棍[②]。

鸦儿木长九寸，方广二寸三分[③]。心向两壁各量三寸四分，钻塞眼，各从心杀向两头梢[④]得一寸六分，顺开口长二寸四分。

注释

①约缯木：即鸦儿木。

②各圆棍：都是圆木棍。棍，原作混，疑为棍误，故改棍。

③二寸三分：约合 122 厘米。

④各从心杀向两头梢：从中心向两头逐渐变细。

译文

高梁木豁丝木约鸦儿木三条，随同两机身底木板内之长径宽一寸六分，都是圆棍。

鸦儿木长九寸，方宽二寸三分。中心向两头各量三寸四分，钻塞眼，从中心向两头逐渐变细一寸六分，顺开口长二寸四分。

原典

曲胳肘子[①]长二尺二寸，广一寸六分，心内厚八分。从心分停除眼子外[②]，前量七寸，后量八寸，钻塞眼前安鸦儿木上，后安垂手子上。

注释

①曲胳肘子：前连鸦儿木上端，后连垂手，结构如同臂、手相联，故名。曲胳肘子中间应有压经木一根。

②从心分停除眼子外：《永乐大典》本原注："眼子圆八分。"

译文

曲胳肘子长二尺二寸，宽一寸六分，心内厚八分。从心分停除掉眼子外，前空置七寸，后测量八寸，钻塞眼前安鸦儿木上，后安垂手子上。

原典

悬鱼儿[①]长一尺，广一寸八分，厚八分。下除圆眼子，离六寸钻塞眼，安于鸦儿木上长脚踏[②]长二尺四寸，广二寸，厚一寸四分。从后头向前量二寸二分，口子内合心横钻塞眼，塞眼口顺长二寸四分塞眼向前量六寸，转轴眼圆八分。

短脚踏[③]长一尺八寸，广厚长脚同，从转轴眼向前量五寸，横钻塞眼，开口子与长脚同。

译文

综框提杆悬鱼儿长一尺，宽一寸八分，厚八分。向下除掉圆眼子，离六寸钻塞眼，安于鸦儿木上长脚踏长二尺四寸，宽二寸，厚一寸四分。从后头向前量二寸二分，口子内中心横钻塞眼，塞眼口顺长二寸四分塞眼向前量六寸，转轴眼圆八分。

短脚踏长一尺八寸，宽厚长脚同，从转轴眼向前量五寸，横钻塞眼，开口子与长脚相同。

注释

①悬鱼儿：即综框的提杆，因其形状如鱼，故名。在现代织机中，综是织机上面带动经丝作升降运动以形成梭口的机件。综穿在综框中的综杆上，穿于同一综框中的经丝运动规律相

同。悬鱼儿在立机子的作用就如同综框的提杆。

② 长脚踏：位于围轴后与连杆相接的脚踏。当织工踏下长脚踏时，连杆就顶起其相连接的右引手，中轴向前转动，前掌手下降，掌滕木随之下降，经轴也因此下降而放松其张力，在经轴向前转动的同时，中轴上的垂手子向后移动，拉动与垂手子相连的曲胳肘子，曲胳肘子又拉动鸦儿木一端往后，其另一端就把悬鱼儿往前拉，这样，综片就提起经线作一次开口。

③ 短脚踏：位于转轴前的脚踏。当短脚踏被踏下时，与短脚踏相连的连杆就被往下拉，中轴向后转动，前掌手上升，顶起掌滕木，经轴也随之上升，垂手子向前移动，推动曲胳肘子，悬鱼儿通过鸦儿木而得到放松，穿过经片的一组经丝被放松，而由曲胳肘子中间压经木控制的一组经线则位于经丝上层，形成新的开口。

原典

兔耳长六寸，广二寸四分，厚一寸。心内一个厚二寸。下除卯向上量一寸六分，是转轴眼。

下脚长二尺二寸至二尺四寸，栓上两机身之上。

滕子轴长三尺六寸，方广二寸。或圆八楞[①]，造滕耳径，长一尺，广三寸，厚一寸二分。滕耳内[②]二尺二寸明。

注释

① 圆八楞：八个棱角。

② 内：内径。

译文

兔耳把手长六寸，宽二寸四分，厚一寸。中心内一个厚二寸。向下除掉卯向上量一寸六分，是转轴眼。

向下脚长二尺二寸至二尺四寸，栓上两机身之上。

滕子轴长三尺六寸，方宽二寸。或圆八棱，制造滕耳径，长一尺，宽三寸，厚一寸二分。滕耳里面二尺二寸明见。

原典

布绢[①]箴框长二尺四寸，广一寸四分至一寸六分，厚六分。内凿池槽长二尺一寸四分[②]明，塞篦眼[③]在内。塞眼各长五分。

注释

① 布绢：布，棉、麻材料。绢，丝封料。

② 二尺一寸四分：约合 64.2 厘米。

③ 塞篦眼：导丝孔。

译文

布绢框长二尺四寸，宽一寸四分至一寸六分，厚六分。内凿凹槽长二尺一寸四分明见，塞篦眼在内。塞眼各长五分。

原典

梭子长一尺三寸至四寸，中心广一寸五分，厚一寸二分。开口子长六寸五分至七寸[①]，心内广凿得一寸明，两头梢得五分，中心钻蚍蜉眼儿[②]。

注释

① 开口子长六寸五分至七寸：开口子，系指梭槽，约合 20.41 厘米至 21.98 厘米。

② 蚍蜉眼儿：用于引出纬丝的小孔。

译文

织布梭子长一尺三寸至四寸，中心宽一寸五分，厚一寸二分。开口子长六寸五分至七寸，中心内广凿得一寸明见，两头减少五分，中心钻蚍蜉眼儿用于引纬丝。

原典

凡机子制度内，或就身做脚[①]，或下栓短脚，或马头上安高梁豁丝木，或掌滕木下安罗床榥曲木，其豁丝木，所以不同，就此加减。

注释

① 就身做脚：依据机身幅宽尺寸以及使用方便，制定支脚高度。

译文

大凡机子制作方法，有的根据机身做脚，有的下栓短脚，有的马头上安高梁豁丝木，有的掌滕木下安罗床榥曲木，它们的豁丝木因此不同，根据此比例加减。

功　限

原典

机身机榥各一功。

大五木小五木二功三分。

脚踏五本并卷轴一功二分。

马头曲胳肘子二项八分功。

悬鱼儿鸦儿木八分功。

滕子筋框一功八分。

解割在外。

译文

制作机身机棍各需要一个工时。

大小五木需要二工三工时。

脚踏板及卷丝轴需要一工二工时。

马头弯曲胳肘两项需要八分工时。

悬鱼儿及鸦木儿需要八分工时。

滕子筋框需要一工八分工时。

分解木材另算，不在其内。

古代纺织图

05 罗机子

罗织机有特殊罗织机和普通罗织机之分，特殊罗织机是指生产链式罗必须使用的专门织机，普通罗织机是指装配有专门的绞综开口机构的小花本提花织机。这里的罗织机指的是特殊罗织机。特殊罗机子的机身与其他织机无很大区别，最有特色的是罗机子上面的专门用具即砍刀、文杆、泛扇椿子三件。古代中国人从商周开始到明清为止，特别是唐代以前一直使用这种专门的织机生产特殊的链式罗组织。由于技术和织机的局部特殊性，终使这种织机的流传范围不是很广，一般史书和相关专门史料中均无叙及细节者，到元初《梓人遗制》中才有载录。

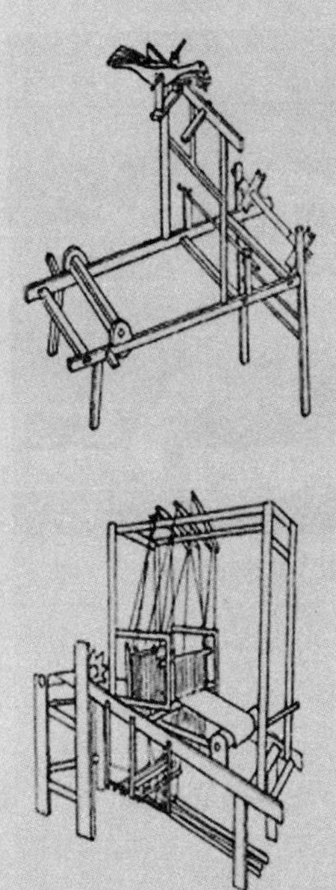

罗机子

用材

原典

造罗机子之制，机身长七尺至八尺，横樘外广二尺四寸至二尺八寸①。先从机身后头向前量四寸，画后脚眼②。后脚眼尽前量五寸二分，画兔耳眼。兔耳眼③尽前量二尺二寸，画机楼子眼④。机楼子眼尽前量五寸，画横榥眼⑤。横榥眼尽前量八寸六分⑥立人子眼。立人子眼⑦尽前量八寸，侧面画横榥眼⑧。横榥眼尽向前量五寸，画高脚眼⑨。

译文

制造罗机子的方法，罗机子机身长七尺至八尺，横樘向外二尺四寸至二尺八寸。首先从机身后头向前量四寸，紧接后脚画眼。后脚眼向前量五寸二分，画兔耳眼。兔耳眼向前量二尺二寸，画机楼子眼。机楼子眼向前量五寸，画横榥眼。横榥眼向前量八寸六分立人子眼。立人子眼向前量八寸，侧面画横榥眼。横榥眼向画前人子眼。立人子眼靠前量八寸，侧面画横榥眼。横榥眼靠前量五寸，画高脚眼。

古代画作中的纺织图

注释

① 横樘外广二尺四寸至二尺八寸：横樘外，水平横向外缘，广，宽。《永乐大典》本原注："材广三寸厚二寸。"

② 后脚眼：机身横木上面安装后支脚的卯眼。《永乐大典》本原注："眼长三寸。"

③ 兔耳眼：兔耳，卷布轴的左右两侧托脚，因形如兔耳，故名。《永乐大典》

本原注："眼长三寸六分。"

④ 机楼子眼：机楼子，提花装置所在，也称花楼。机楼子眼位于机身横木中间，安插提花楼柱的卯眼。《永乐大典》本原注："眼长一寸六分。"

⑤ 横榥眼：横榥，横档木棍。《永乐大典》本原注："眼长一寸六分。"

⑥ 八寸六分：约合 27 厘米。

⑦ 立人子眼：用于安装撑高鸟坐木支架杆子的卯眼。《永乐大典》本原注："眼长一寸六分。"

⑧ 侧面画横榥眼：《永乐大典》本原注："眼长一寸六分。"

⑨ 高脚眼：用于支撑罗机子前机身的支架柱子上面的卯眼，罗机子前机身比后机身高。《永乐大典》本原注："眼长三寸。"

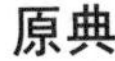

原典

机楼子立頬[①]长三尺六寸，广二寸，厚一寸六分，下除机身外向上高三尺三寸。上除遏脑[②]卯向下量七寸，是横榿榥眼。眼长八分，榿榥眼合心上下立串[③]眼，栓透遏脑。

注释

① 立頬：位于罗机子机身中间用于架起提花楼子的支柱。

② 遏脑：立頬顶端的横档。

③ 立串：位于遏脑和横榿榥中间的竖木，起固定作用。串，穿也，物相贯相通。

译文

机楼子立面长三尺六寸，宽二寸，厚一寸六分，向下除掉机身外向上高三尺三寸。上除掉遏脑卯向下量七寸，是横榿榥眼。眼长八分，榿榥眼中心上下立串眼，栓透遏脑。

原典

遏脑广三寸，广同两立頬。遏脑心内左壁离六寸，是引手子眼[①]。引手子上是两立人子，上是鸟座木，上穿鸦儿[②]。引手长一尺二寸。立人子高七寸，前脚[③]高三尺八寸，广厚同。

译文

遏脑三寸宽，同两立面。遏脑中心内左壁离六寸是引手子眼。引手子上是两立人子，上是鸟座木，向上穿鸦儿。引手长一尺二寸。立人子高七寸，前脚高三尺八寸，宽厚同。

注释

①引手子眼：从遏脑上面横伸出来用于架撑立叉子安置鸦儿的横档，其上卯眼，原按，眼长一寸八分。

②鸦儿：即吊综杆，是控制综片的悬臂，作用如同华机子中的特木儿，《天工开物》中写作“老鸦翅”。从鸦儿木的存在看，罗机子应还有踏脚板，但文中未曾提到，另，文中也未提鸦儿木数量，从附图看，有五片鸦儿木。但从罗机子的织造原理推测，应为四片鸦儿木。

③前脚：即前面提到的高脚。

罗机子各部分名称

原典

机身上引出卯七寸①，卯下一尺五寸双樘棍，后脚广厚同前，高三尺。

译文

机身向上引出七寸卯，卯下一尺五寸双樘棍，后脚宽厚同前，高三尺。

注释

①机身上引出卯七寸：《永乐大典》本原注：“卯上开口安滕子。”

原典

卷轴长随机身之广径，广三寸四分，圆棍①上开水槽。

注释

①圆棍：《永乐大典》本原为圆混，疑为棍之误，故改用棍。

译文

卷轴的广度要按照机身上的长度距离，宽三寸四分，在圆棍上面开一个水槽。

原典

立人子高九寸，径广一寸五分，上是高梁木①，下是豁丝木②，长随两机身广之长。

注释

①高梁木：用于固定经丝位置的机件，参见立机子注。

②豁丝木：用于分经开口的机件，参见立机子注。

译文

立人子高九寸，径广一寸五分，上是起固定作用的高梁木，下是分经开口的豁丝木，长度是高梁木和豁丝木之间的距离。

踏板织机

踏板织机是带有脚踏提综开口装置的纺织机的通称。踏板织机最早出现的时间，尚缺乏可靠的史料说明。研究者根据史书所载，战国时期诸侯间馈赠的布帛数量比春秋时高达百倍的现象及各地出土的刻有踏板织机的汉画像石等实物史料，推测踏板织机的出现可追溯到战国时代。到秦汉时期，黄河流域和长江流域的广大地区已普遍使用。织机采用脚踏板提综开口是织机发展史上一项重大发明，它将织工的双手从提综动作中解脱出来，以专门从事投梭和打纬，大大提高了生产率。以生产平纹织品为例，比之原始织机提高了20至60倍，每人每小时可织布0.3至1米。

《耕织图》中的踏板织机

原典

特木儿长随机子之广，心材子[1]广一寸八分，厚六分加减。

注释

① 心材子：朱启钤校刊本按："心材子疑为特木儿之中央钻心内眼子处。"

译文

特木儿的长度和机身的长度一样，特木儿中央的钻眼宽一寸八分，厚六分左右。

原典

大泛扇椿子[1]长二尺四寸，小头广八分，厚六分，大头广一寸四分，厚八分。从头上向下量三寸四分画眼子，眼长八分，上楔子眼至下梁子眼，檨外通量一尺二寸。

注释

① 大泛扇椿子：在罗机子上直接用于起绞的装置，即今之绞综。

译文

绞综长二尺四寸，小头宽八分，厚六分，大头广一寸四分，厚八分。从头上向下量三寸四分画眼子，眼长八分，从上楔子眼至下梁子眼，檨外通量一尺二寸。

原典

小扇椿子[1]小头广六分，厚四分，大头广八分，厚六分。上下檨梁眼外一尺二寸，横广二尺四寸明，前后同。

译文

地综小头宽六分，厚四分，大头宽八分，厚六分。上下梭眼的距离是一尺二寸，横向距离是二尺四寸，前后一样。

注释

① 小扇椿子：配合起绞或起地纹的装置，即今之地综。

原典

砍刀[①]长二尺八寸，广三寸六分至四寸，厚一寸二分。背上三池槽各长四寸，心用斜钻蚍蜉眼儿[②]。

译文

引纬线的砍刀长二尺八寸，宽三寸六分至四寸，厚一寸二分。背上三池槽各长四寸，中间钻出用于引出纬线的小孔。

注释

① 砍刀：古老的打纬引纬工具。引纬工具早在原始腰机织布时代，是直接用缠绕着纱线的小木棒莩，春秋战国前后，在光滑又宽扁的打纬刀上刻槽嵌入莩子，成为既可引纬又可打纬的刀杼，这就是砍刀。但是，汉代丝织技术发展到一定水平以后，几乎所有的织机都用筘或木莩进行打纬，而罗机子却还一直在使用砍刀打纬，这说明罗机子织罗无法用筘打纬，也是链式罗织机技术的特征之一。

② 蚍蜉眼儿：砍刀上用于引出纬丝的小孔。在砍刀上用钎钻蚍蜉眼儿，说明此砍刀很可能还保留着早期刀杼的功能特征。

原典

文杆[①]随刀之长，大头圆径一寸，小头梢得八分。出尖滕子[②]，长随机身广之外轴，材方广二寸，耳[③]长一尺至一尺二寸。

译文

用于挑起花纹的文杆随砍刀之长，大头圆径一寸，小头细梢八分。滕子轴冒出尖，长度按照机身外轴的距离，材方宽二寸，托脚长一尺至一尺二寸。

注释

① 文杆：也写作纹杆。挑花杆，用于挑起简单的几何花纹。罗机子采用挑花杆，说明链式罗的部分花纹可能采用了挑花技术起花。

② 滕子：经轴。滕子与卷布轴配合，绷紧经纱，使经纱的张力均匀，方便织造。

③ 耳：即兔耳。经轴与卷布轴的两侧翼木或叫托脚，起到规定布匹幅宽的作用。

原典

凡机子制度内，或素不用泛扇子[①]，如织华子随华子[②]，当少做[③]泛扇子。

译文

大凡制作机子的方法，有的不用绞综综框，例如织华子机用华子替代绞综，华子当用做综框。

注释

① 泛扇子：即今之综框，此处或指大泛扇椿子。罗机子凡织素罗，可以不用泛扇子，地经和绞经由小扇椿子控制即可。

② 如织华子随华子：如果织造提花罗，花形要由增设专门的提花机构控制。华子，花纹。

③ 少做：少用，使用不多。

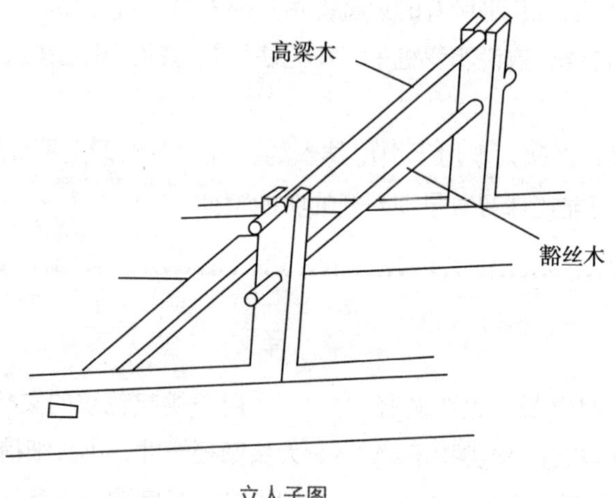

立人子图

功　限

原典

罗机砍刀并杂物完备一十七功，如素者一十功。

译文

制造包括引纬线的砍刀和杂物齐备的罗机子需要十七工时，如果是平素简单的需要十工时。

06 小布卧机子

小布卧机子是一种单蹑单综类型的织机。《梓人遗制》中的小布卧机子，即《农书》中的布机、卧机，《天工开物》中的腰机，民间称作夏布机。

这种卧机的机架通常由立身子和卧身子组成，其结构十分巧妙，织造过程中应用了张力补偿原理，体现了我国劳动人民的杰出创造力，但是，这种织机生产在民间的推广甚慢。因此，宋应星《天工开物·乃服第二·腰机式》云：『凡织杭西、罗地等绢，轻、素等绸，银条、巾、帽等纱不必用花机，大用小机。织匠以熟皮一方置坐下，其力全在腰尻之上，故名腰机。普天织葛、苎、棉布者，用此机法，布帛更整齐坚泽，惜今传之犹未广也。』

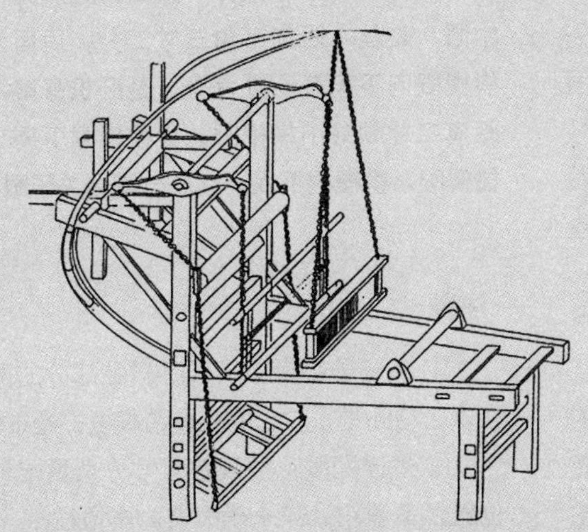

小布卧机子

用　材

原典

造卧机子之制，立身子[①]高三尺六寸，卧身子与立身子同，径广二寸，厚一寸四分。

译文

制造卧机子方法，立身子两根直木高三尺六寸，卧身子两根横木与立身子同，径宽二寸，厚一寸四分。

注释

①立身子：指矗立的机身上面的两根直木，它是构成机身的主干。《梓人遗制》中的小布卧机子机架由立身子和卧身子两部分组成，与立身子一起的还有鸦儿木、综片、悬鱼儿等机件。

原典

卧身子[①]前头槾外横广二尺四寸，后头阔一尺六寸，先从立身子上下量摊卯眼[②]。立身子头上向下量六寸，画顺身前马头眼[③]。马头下五寸四分，后是豁丝木眼[④]。豁丝木眼下量三寸二分，后横棍眼[⑤]。横棍眼下离一寸六分，是卧机身眼[⑥]。机身下离二寸顺身小横棍眼[⑦]。小樘棍眼下离二寸，后樘棍眼。横樘棍下以一寸二分脚踏关子眼[⑧]。

译文

卧身子横木前头槍外横宽二尺四寸，后头宽一尺六寸，先从立身子上下测量按规定尺寸开凿卯眼。立身子头上向下量六寸，画顺身前面综杆马头眼。从马头杆向下五寸四分，后面是起加固作用的豁丝木眼。豁丝木眼向下量三寸二分，后面是横棍眼。横棍眼向下离开一寸六分，是卧机身眼。机身向下距离二寸顺身小横棍眼。小樘棍眼下离二寸，是后樘棍眼。横樘棍下以一寸二分脚踏关子眼。

注释

①卧身子：指构成机身斜卧部分的两根横向的直木，与卧身子一起的还有踏脚板、卷布轴等。

②量摊卯眼：按规定尺寸分别量定标明卯眼的位置以备凿用。《永乐大典》本原注：“上鸦儿口在内。”

③画顺身前马头眼：顺身，见立机子之顺身解。马头，即提综杆或叫传动摆杆。根据织造时提综开

口的动作，织机的踏脚杆用绳子联结在综框和提综杠杆上，综的上面，连在前大后小，形似“马头”的提综杆上。前端较大而重，当经纱放松时，前端靠自重易于下落，完成梭口的交换。其作用与立机子等相同，但布卧机子的马头在机身的后面而不像立机子在机身的前面。《永乐大典》本原注：“眼长二寸二分，前斜高向上五分，后低五分。”

④ 豁丝木眼：豁丝木，作用意义同立机子之豁丝木，但位置不同于立机子在马头上，而位于立机身的上面。《永乐大典》本原注：“眼圆径八分，安在机身之后。”

⑤ 后横榥眼：后横榥，位于豁丝木与卧身子之间的一根横档木。《永乐大典》本原注：“眼长一寸四分。”

⑥ 卧机身眼：《永乐大典》本原注：“眼长一寸八分。”

⑦ 小横榥眼：小横榥，小的横档。《永乐大典》本原注：“眼长八分。”

⑧ 脚踏关子眼：关，《说文》：“关，以木横持门户也。”小布卧机子的脚踏不像立机子或华机子等直接由单根木头组成，而是由几根木头纵横接合成窗扇形，脚踏关子是连接立身子之间的起到脚踏上下起落之转轴作用的横木，故名关子。《永乐大典》本原注：“眼子圆径一寸。”

原典

卧身子除前卯向后量二尺五寸后脚眼①。后脚眼上，分心两壁顺身各量二寸，画横樘榥眼。横榥上嵌坐板。

注释

① 后脚眼：《永乐大典》本原注：“与前脚同。”

译文

卧身子除掉前卯向后量二尺五寸后脚眼。后脚眼上，分别从中心两壁顺身各量二寸，画横樘榥眼。横榥上镶嵌坐板。

原典

马头向上一尺三寸，广二寸，厚与机身同。除卯①之外，离九寸开滕子轴口。上更安主滕木，厚一寸。

译文

马头向上一尺三寸，宽二寸，厚与机身同。除掉卯眼之外，距离九寸开滕子轴口。上面安装主滕木，厚一寸。

注释

① 卯：卯眼。

原典

脚踏子长随机两身之广，㮰外阔六寸，内短串二条，径各广一寸二分，厚一寸。后短脚㮰上一尺二寸，广厚机身同，下安横楻两条[①]。

注释

① 横楻两条：《永乐大典》本原注："广一寸，厚八分。"

译文

织机脚踏子长同机两身之宽，檐向外宽六寸，里面二条短棍连接，木材各宽一寸二分，厚一寸。后短脚檐向上一尺二寸，宽厚机身同，向下安两条横楻木。

原典

辊轴长随机两身之径广，方广一寸六分，圆棍[①]。

注释

① 圆棍：原写作圆混，疑为棍之误，故改用棍。

译文

织机辊轴长同机两身之径宽，方宽一寸六分，圆棍。

原典

豁丝木长随机身外楞齐，圆径一寸四分，破棍同前[①]。

注释

① 破棍同前：棍，原作混。破棍，指穿过机身卯眼至机身外侧的圆棍，即豁丝木的外宽尺寸。破，穿透。同前，《永乐大典》本写作"前同"。营造学社本写作"同前"，这里取后者。

译文

织机豁丝木长同机身外楞齐，圆径一寸四分，穿过机身外侧的圆棍尺寸同一尺寸。

原典

鸦儿木长一尺四寸，广二寸，厚八分，两头各留一寸，已里[①]钉环儿[②]，中心安鸦儿木。

注释

①已里：顶端。已，完毕，中止。里，一定范围以内。

②环儿：金属圆环或其他固定件。

译文

织机鸦儿木长一尺四寸，宽二寸，厚八分，两头各留一寸，顶端钉环儿，当中安鸦儿木。

原典

縢子轴长随机子两马头之外[①]，縢耳内一尺七寸明，耳子长一尺六寸，广一寸二分，厚六分。

注释

①縢子轴长随机子两马头之外：縢子轴，即经轴。长随机子两马头，指宽度按照机身上的两马头间的距离。《永乐大典》本原注："径方广一寸六分。"指縢子轴的高和宽为一寸六分。

译文

织机经轴縢子轴长同机子两马头之外，经轴縢耳内一尺七寸明示，耳子长一尺六寸，宽一寸二分，厚六分。

原典

篾框[①]长二尺二寸，广一寸四分，厚六分。

注释

①篾框：织机方框。

译文

织机方框长二尺二寸，宽一寸四分，厚六分。

原典

攀腰环儿[①]长三寸，广二寸，厚一寸二分。

辊轴耳子[②]长二寸四分，厚八分。

译文

织机攀腰环儿长三寸，宽二寸，厚一寸二分。

织机辊轴悬鱼长二寸四分，厚八分。

注释

① 攀腰环儿：《永乐大典》本原注："又谓之耳。"

② 辊轴耳子：《永乐大典》本原注："又谓之悬鱼儿。"又，朱启钤校刊本按："辊轴、筬框、攀腰环儿、辊轴耳子，之结构及搭配方法不明。"以上，将辊轴耳子称作悬鱼儿可能有误。根据织机脚踏卧机的一般工作原理，筬框挂在鸦儿木的前端，悬鱼儿连接鸦儿木和踏脚板，悬鱼儿中穿一辊轴，起到压经棒的作用，立身子上向后伸出马头，滕子安装于此，攀腰环儿连接卷布轴缚于织工腰上。织造原理是利用一块踏脚板和鸦儿木相连提综开口提起一组经丝，由悬鱼儿上的压经棒将另一组经丝下压，使张力得以补偿并使开口更加清晰。当踏脚放开时，织机恢复到由豁丝木进行的开口。

原典

凡机子制度内，或三串栓[①]。马头造，或不三串，机身马头底用主角木，有数等不同，随此加减。

注释

① 三串栓：三个连贯在一起的栓塞。

译文

大凡卧机子制造，有的三串栓塞在一起。有马头制造，有的没有三串塞，机身的马头底用主角木，制作方法有各种不同，基本构造按照此尺寸比例加减。

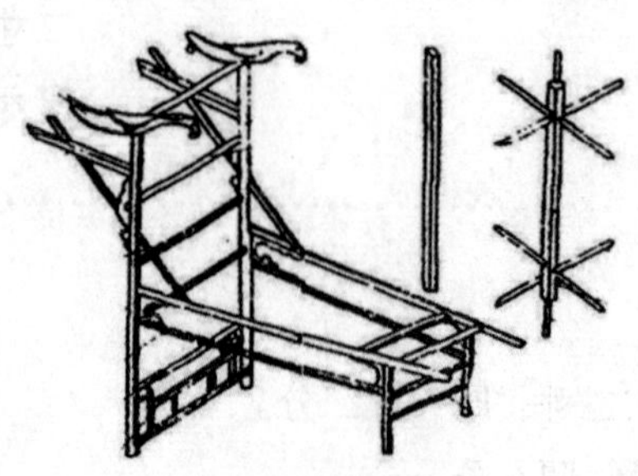

小布卧机子图示

功 限

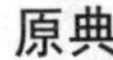

原典

卧机子一个，滕子箴框辊轴共各皆完备全五功七分，如嵌牙子内起心线，压边线，更加一功五分。

解割在外。

译文

制作一个各部件齐全的卧机子需要五工七工时，如果镶边，或从中心内部加固牙子，还需要工时一工五。

加工分解木材的工时不在之内。

中国古代木匠的工资

在中国古代相当长的时间里，从官员到打长工者，主要实行的都是“年薪制”。古时的“年薪”，并没有现代工资的概念，民间多叫“工钱”，官方称“年俸”。

年薪发的是什么？并非今天花花绿绿的钞票，也不是黄金白银，而是实物工资。一般发的都是粟、谷这类粮食，虽然也有发金银的现象，但是很少。据《群书治要》引崔寔《政论》文，一直到东汉刘隆当皇帝的延平年（公元 106 年），才有“红头文件”形式的工资改革：发工资时，可以发现金，但还不是全发钱，而是一半发货币工资，一半发实物工资，即所谓“半谷半钱”。这笔钱，叫“月钱”，是在年薪的基础上，对工资发放方式的一种变通。

那么，古代一个木匠一个工时的薪水是多少呢？据《九章算术》中“今有匠人一岁价钱二千五百……”透露的信息来看，西汉时的“匠人”这类技术人员的月工资，大约是二百零八钱。依吴承洛《中国度量衡史》的换算，这样在当时可以买到小麦约 237 ~ 331 斤。不难看出，古代木匠一天的工资大约是七钱，按照小麦的价格折算，相当于现在的十元人民币。

古代的钱币

附录

一 古代主要各式织布机

将古代一些具有代表性的织机图集中起来进行分类，可以明晰织机类型的概貌，有助于全面了解织机结构和特征。《梓人遗制》中的织机包含在这里分列的类别中，但在下列织机里，还选了部分国外的古代织机作为例子，这样可以进行比较。因为世界上不同名称的织机虽然各有生产方式和构造的差别，但织造原理大致相同，即利用机具的不同构造带动经、纬线升降完成交织的一般原理。这些原理是具有普遍性的，利用这种普遍的共性和生产及构造的差异，使得我们可以对复杂的织机进行有序的分类。

1. 原始织机	
分为平足蹬织机、立架式悬经织机和斜架式悬轴织机三类	
 平足蹬织机	
 立架式悬经织机	 斜架式悬轴织机

2. 双轴机

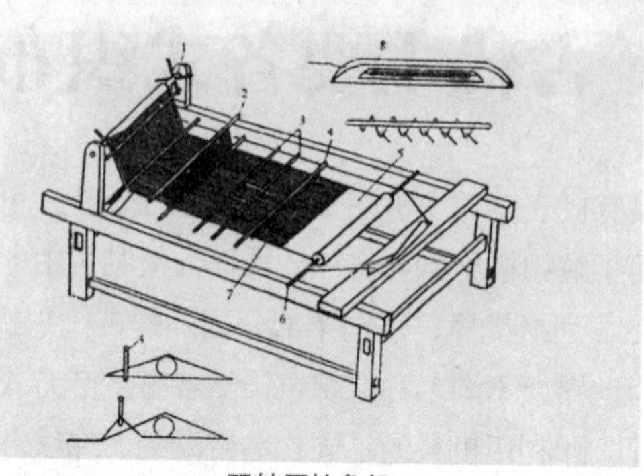
双轴原始鲁机

3. 踏板斜织机

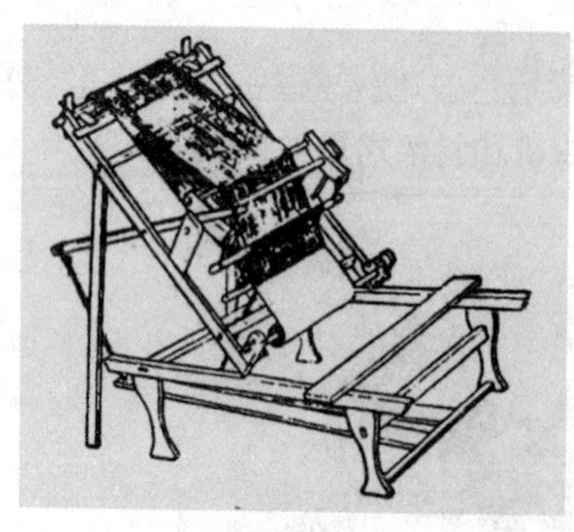
双蹬单综机

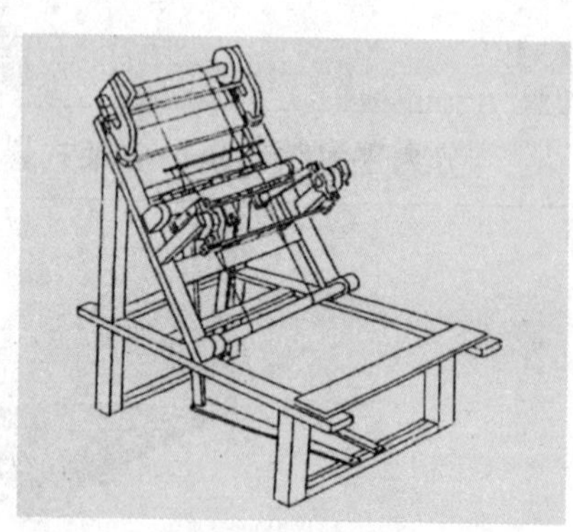
中轴式踏板斜织机

4. 踏板立织机

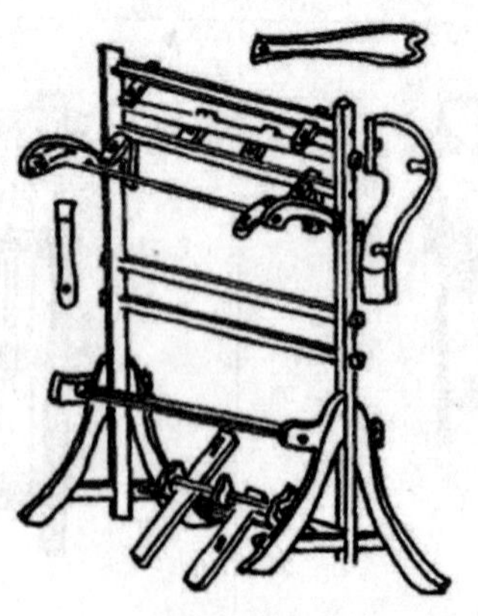
双踏板立织机

5. 踏板卧织机

直提式踏板卧织机

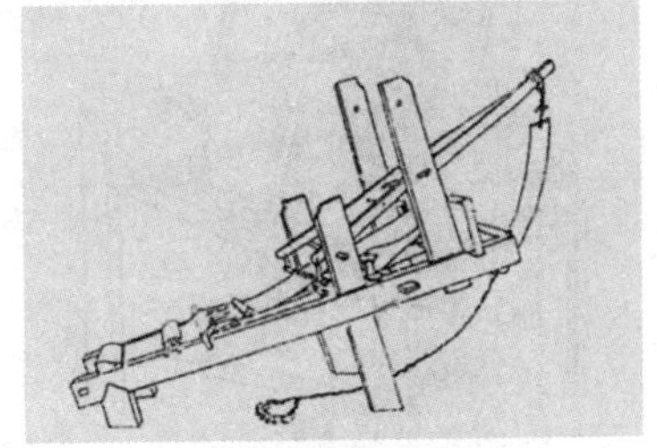

单蹑直提式踏板织机

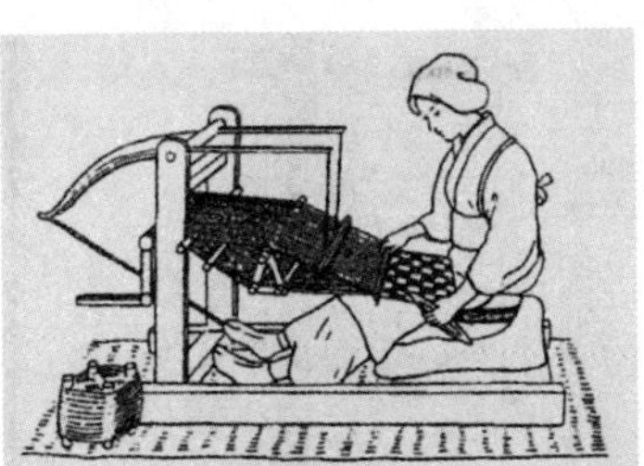

直提式踏板织机

腰织机

单蹑单综提压式踏板卧织机

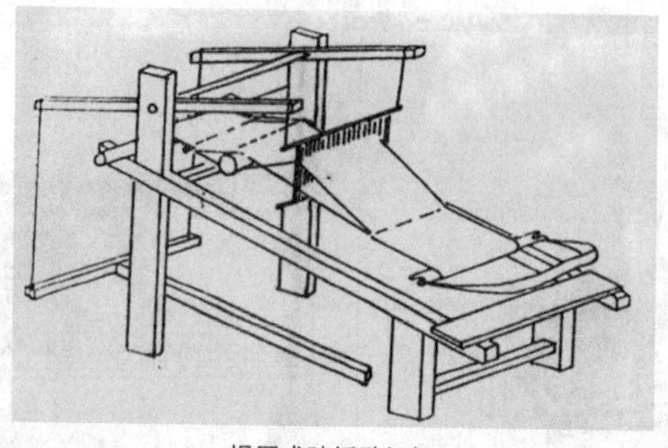

提压式踏板卧织机

6. 单动式双综双蹑机

单动式双综双蹑机

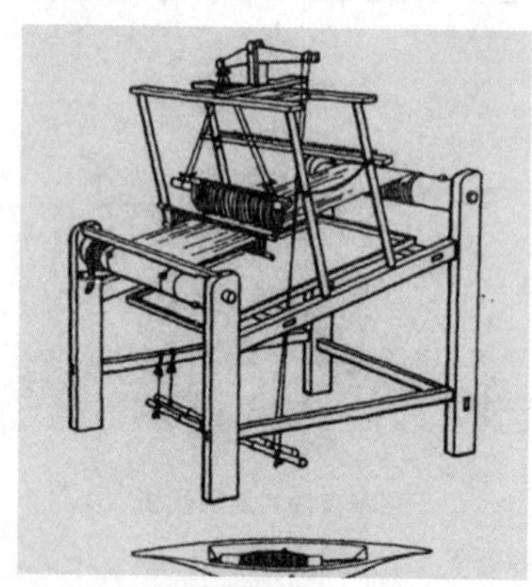

单动式双综双蹑绛丝机

7. 互动式双综双蹑机

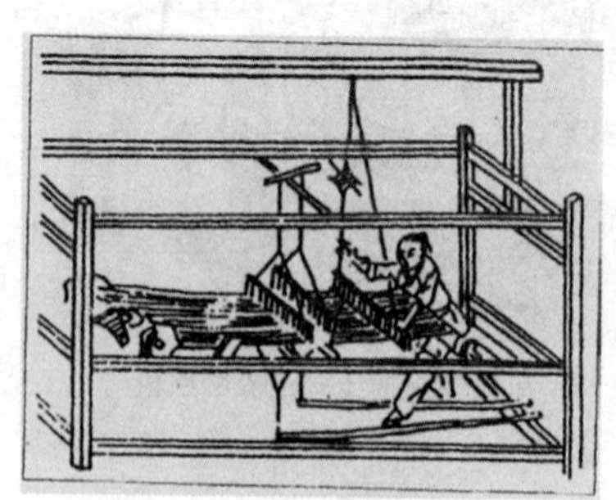

互动式双综双蹑机

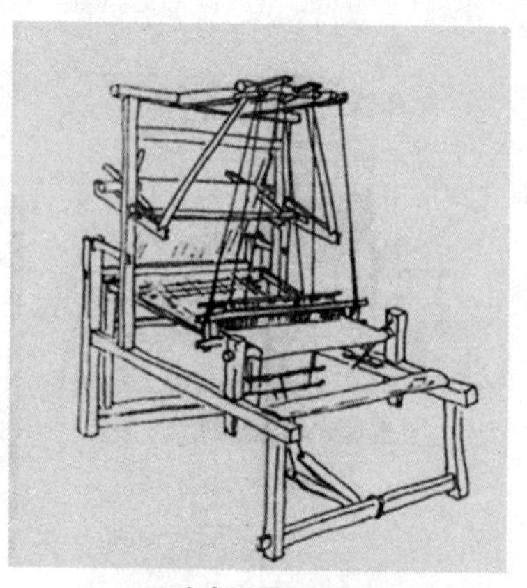

互动式双蹑双综机

8. 多综式提花机

丁桥织机

踏板式多综提花机

9. 竹编花本式提花机

竹笼织机

10. 束综式提花机

斜机身式小花束综提花机

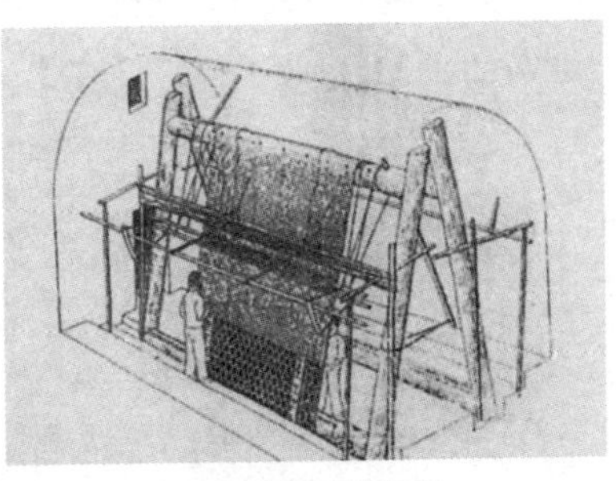

束综纬循环提花机

 平身式小花束综提花机（局部）	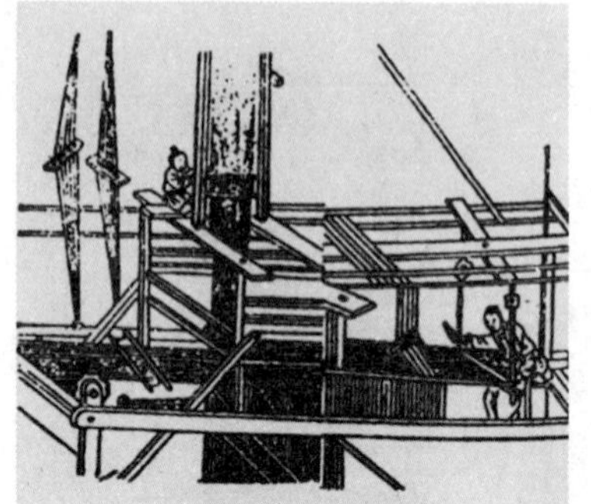 平身式小花束综提花机
11. 罗机	12. 绒织机
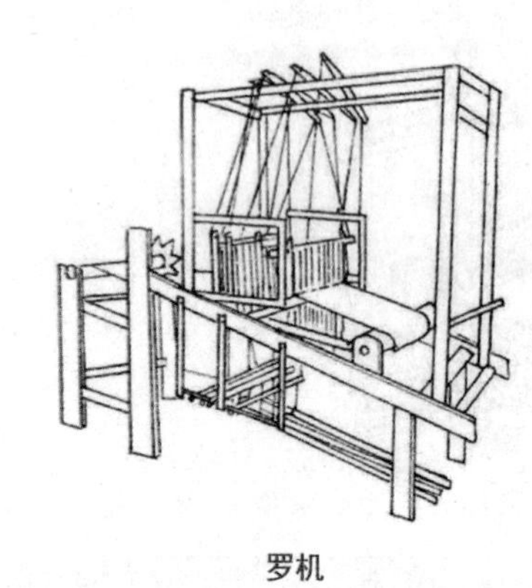 罗机	 双经轴提花绒织机

二 中国古代木匠的主要工具

木匠是一种古老的行业，他们以木头为材料，先伸展绳墨，用笔画线，后拿刨子刨平，再用量具测量，制作成各种各样的家具和工艺品。现代木匠从事的行业是很广泛的，在建筑行业、装饰行业、广告行业等都离不开木匠。比如在建筑行业要通过木匠来做必不可少的门窗等。

木匠的工具

木匠的工具主要有：

斧头：用以劈开木材，砍削平直木料。

刨子：更细致的刨平修饰木料表面。

凿子：用以凿孔与开槽。

锯子：用来开料和切断木料。

墨斗：用于长木料划直线时使用。

尺子：丈量与校正角度等。古代多用鲁班尺。

框 锯

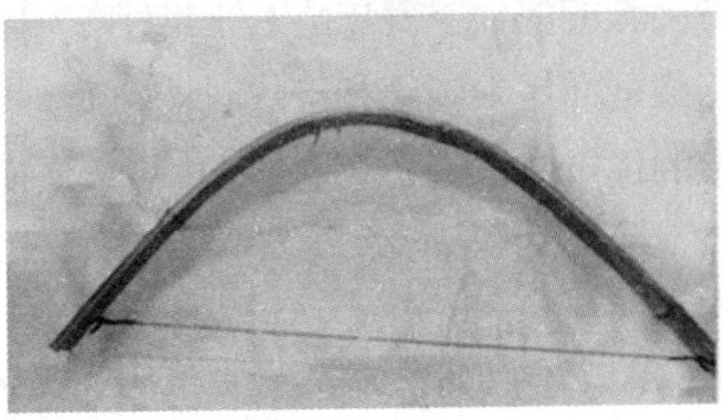

弓 锯

1. 锯子

锯是切割木料的工具之一。锯源于我国，传说是战国初年鲁班发明的。其实，鲁班以前就出现了锯。1931 年，在山东省历城县龙山镇城子崖遗址就出土过蚌壳制的锯。到了商朝出现了青铜锯。中国历史博物馆收藏了一件商朝的锯是矩形，两边都带有锯齿。据文献记载，春秋初年，齐国已经能够“断山木，铸山铁”，那时便使用了铁锯，比鲁班早了 200 多年。

2. 斧子

斧子是一种用于砍削木材的工具。斧子结构比较简单，分为两个部分——

斧头和斧柄。斧子的起源很早，原始人类即用利石作为劈器，也曾为古代兵器。与戈、矛几乎同时出现，为古代兵器之一。黄帝时即有“斧钺”之名，在当时不但用为兵器，亦可用为刑罚之具。

斧 子

3. 刨子

刨子是用来刨平、刨光、刨直、削薄木材的一种木工工具。一般由刨身、刨刀片、楔木等部分组成。按刨身长短、形状、使用功能可分为长刨、中刨、短刨、光刨、弯刨、线刨，槽口刨、座刨、横刨等。平推刨子最晚在南宋末年被发明出来，目前在元代的沉船中发现与现代样式差不多的平推刨子。当然这种发明不是一蹴而就的，其有着漫长的演化发展史。且平推刨子的横截面是中国唐和宋代时期，典型的建筑上木工工艺造型。

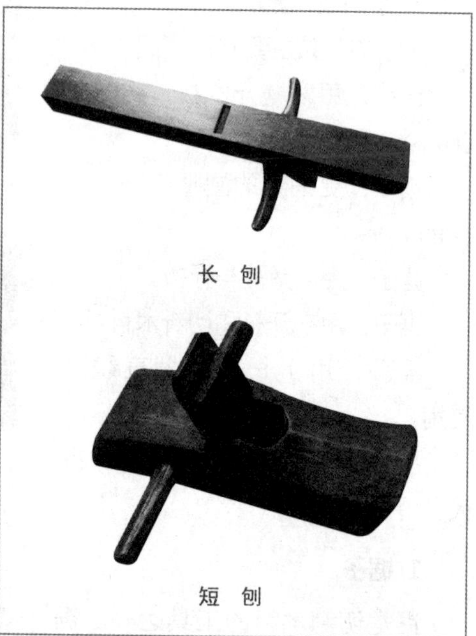

长 刨

短 刨

4. 凿子

凿子是一种雕刻工具，常用于木材雕刻。使用凿子打眼时，一般左手握住凿把，右手持锤，在打眼时凿子需两边晃动，目的是为了不夹凿身，另外需把木屑从孔中剔出来。半榫眼在正面开凿，而透眼需从构件背面凿一半左右，反过来再凿正面，直至凿透。

凿子根据不同用途有着不同的造型分类：

平凿：刀口是平的，刀口与凿身呈倒等腰三角形，主要用于开四方形孔或是对一些四方形孔的修葺。

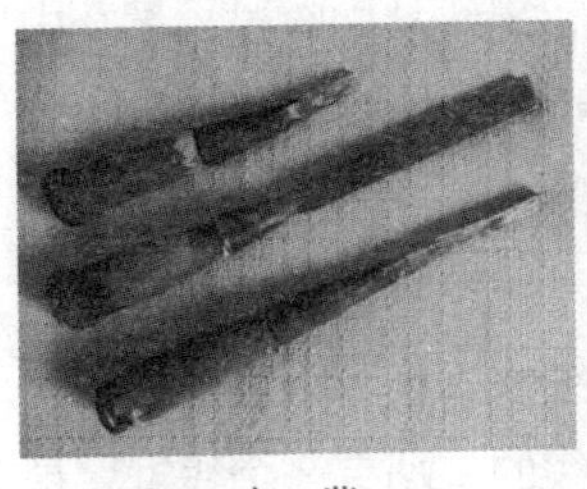
方 凿

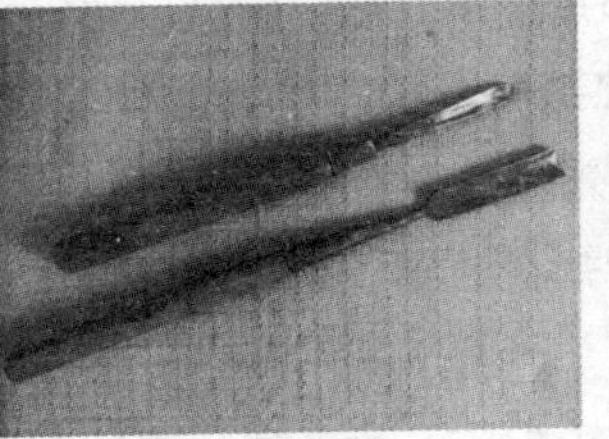
圆 凿

平 凿

斜凿：刀口呈45°角，刀口与凿身呈倒直角三角形，主要用于雕刻和雕刻的一些死角修葺。

圆凿：刀口呈半圆形，主要用来开圆形孔位或是椭圆孔位。

菱凿：刀口呈V形，现很少见，主要用于雕刻与修葺。

各式凿子

5. 墨斗

墨斗是中国传统木工行业中极为常见的工具，其用途有三个方面：一是做长直线(在泥、石、瓦等行业中也是不可缺少的)。方法是将濡墨后的墨线一端固定，拉出墨线牵直拉紧在需要的位置，再提起中段弹下即可。二是墨仓蓄墨，配合墨签和拐尺用以画短直线或者做记号；三是画竖直线(当铅锤使用)。

墨斗由墨仓、线轮、墨线(包括线锥)、墨签四部分构成。墨仓是墨斗前

墨 斗

端的一个圆斗，早期是用竹木做成的，前后有一小孔，墨线从中穿过，墨仓内填有蚕丝、棉花、海绵之类的蓄墨的材料（倒入墨汁后可以短时保存）。线轮是一个手摇转动的轮，用来缠墨线。墨线由木轮经墨仓细孔牵出，固定于一端，像弹琴弦一样将木线提起弹在要画线的地方，用后转动线轮将墨线缠回，因而古代又称墨斗为“线墨”。墨线一般是用蚕丝做成的细线，也可以用棉线，其特点是，它经过墨仓时可以保留一定数量的墨汁。墨线的末端有一个线锥，是用铁或铜制作的尖锥呈“8”形，也称“替母”，它可以插在木头表面来固定墨线的一端，也可以当铅锤使用（木工把它叫作“吊线”）。墨签是用竹片做成的画笔，其下端做成扫帚状；弹直线时用它压线（使墨线濡墨），画短直线或记号时当笔使用。

墨斗的造型、装饰各式各样，墨仓有桃形、鱼形、龙形等，既是自娱，也是木工手艺的炫耀。

6. 尺子

尺子又称尺、间尺，是用来画线段（尤其是直的）、量度长度的工具。尺上通常有刻度以量度长度。有些尺子在中间留有特殊形状如字母或圆形的洞，方便用者画图。

古代木工用尺大有学问，不同的尺子有不同的功用，因为在古人看来，不同的尺寸主吉凶。

鲁班发明的“鲁班尺”和“丁兰尺”合称“阴阳尺”。“鲁班尺”为阳尺，用于量阳宅、建阳门。尺长是曲尺（十寸尺）的一尺四寸四分，制尺关键在于选寸，上有八寸——财、病、离、义、官、劫、害、吉（或作本），财义官吉（本）

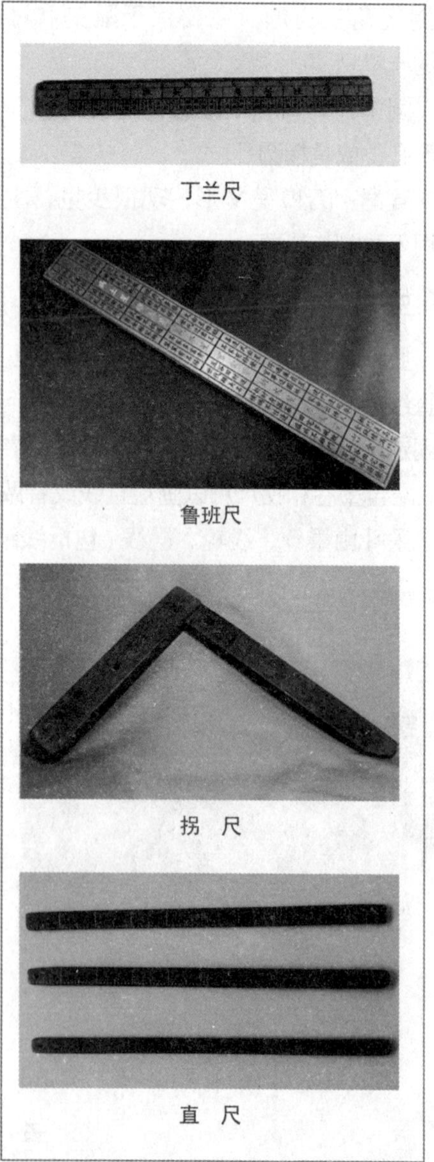

丁兰尺

鲁班尺

拐　尺

直　尺

四者为吉，病离劫害四者为凶。每寸又分四小格，有四种意义各主吉凶，用红黑字标明，红为吉，黑为凶。工匠们说，做门采用这神尺上的吉寸，会光宗耀祖。这尺，又叫门光尺，或叫门尺、门公尺，还称八字尺。

“丁兰尺”又称“阴尺”，尺长是曲尺（十寸尺）的一尺一寸八分，主要用于建造坟墓或奉置祖先牌位及神位时，据以测量，并定吉凶。上分十格，每一格又分四小格，其十格各印有代表吉凶之数。分别是：“丁”：福星及第财旺登科。“害”：口舌病临死绝灾至。“旺”：天德喜事进宝纳福。“苦”：失脱官鬼劫财无嗣。“义”：大吉财旺益利天库。“官”：富贵进宝横财顺科。“死”：离乡死别退丁失财。“兴”：登科贵子添丁兴旺。“失”：孤寡牢执公事退财。“财”：迎福六合进宝财德。

7. 钻

钻是木制穿孔工具。古代工匠所用的木钻是由绳索来驱动的。孔加工工具在木工工具中有重要的地位。数千年来中国木工一直在使用的钻具的前身是河姆渡人创造出来的。

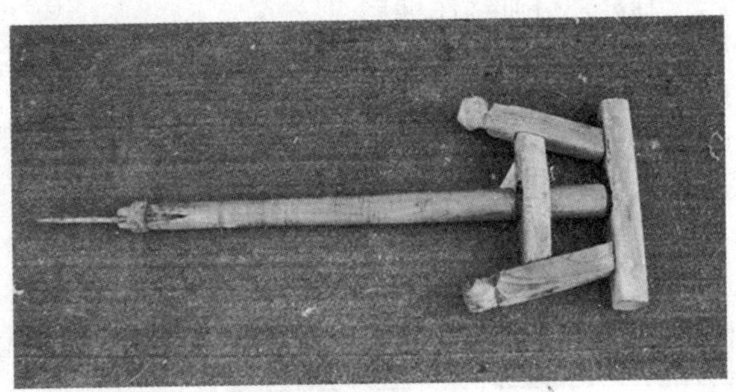

木 钻

河姆渡文化中留存了大量的孔加工实物和工具，如有最古老的用于孔加工的石钻，各类装饰物、纺轮、骨针及刀斧类工具上加工的圆孔，运用最古老的榫卯技术制作的“干栏式”木结构房子、木柱上的方孔等。

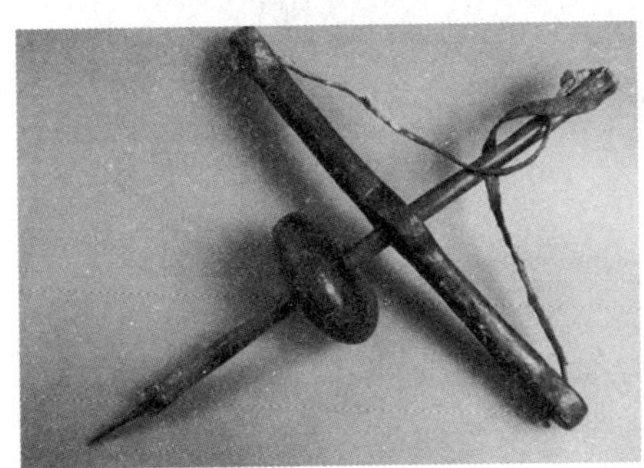

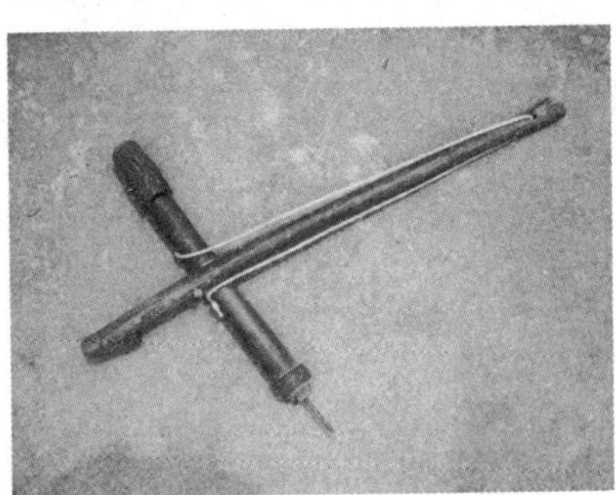

木 钻

三 木工中主要榫卯结构

榫卯，是在两个木构件上所采用的一种凹凸结合的连接方式。凸出部分叫榫（或榫头）；凹进部分叫卯（或榫眼、榫槽），榫和卯咬合，起到连接作用。这是中国古代建筑、家具及其他木制器械的主要结构方式。榫卯结构是榫和卯的结合，是木件之间多与少、高与低、长与短之间的巧妙组合，可有效地限制木件向各个方向的扭动。最基本的榫卯结构由两个构件组成，其中一个的榫头插入另一个的卯眼中，使两个构件连接并固定。榫头伸入卯眼的部分被称为榫舌，其余部分则称作榫肩。

榫卯结构广泛用于建筑，同时也广泛用于家具，体现出家具与建筑的密切关系。榫卯结构应用于房屋建筑，虽然每个构件都比较单薄，但是它整体上却能承受巨大的压力。这种结构不在于个体的强大，而是互相结合，互相支撑，这种结构成了后代建筑和中式家具的基本模式。

1. 楔钉榫	3. 夹头榫（腿足上端嵌夹牙条与牙头）
2. 挖烟袋锅榫（套榫）	

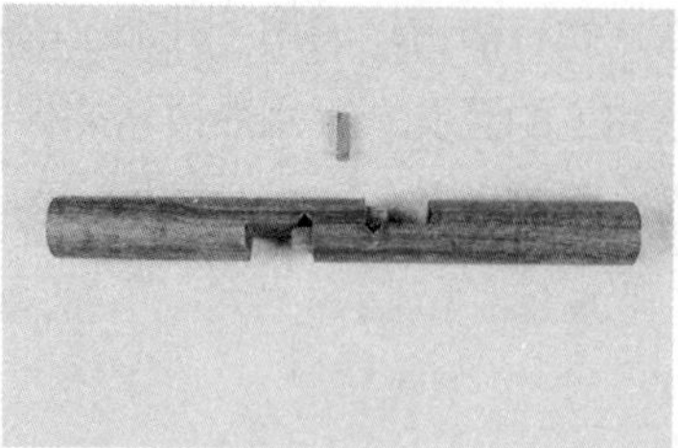

4. 云型插肩榫（牙条、牙头分造）	5. 扇形插肩榫
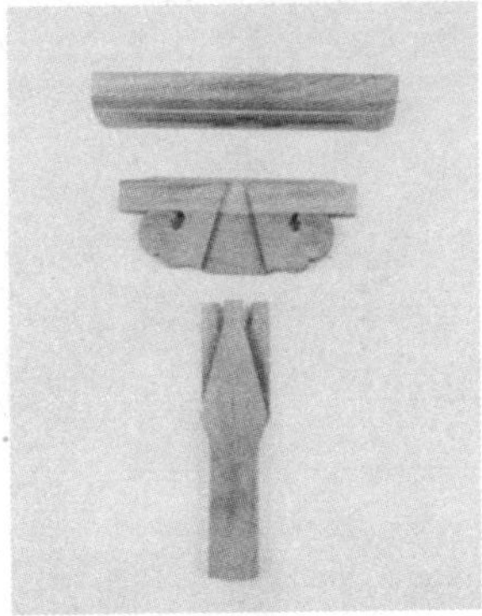	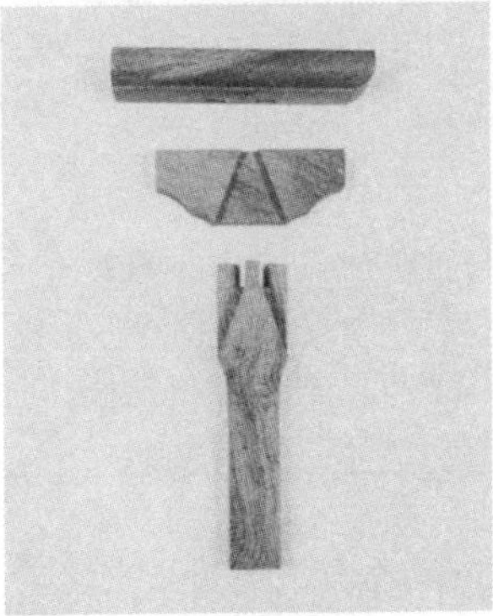
6. 传统粽角榫	
7. 双榫粽角榫	
8. 带板粽角榫	

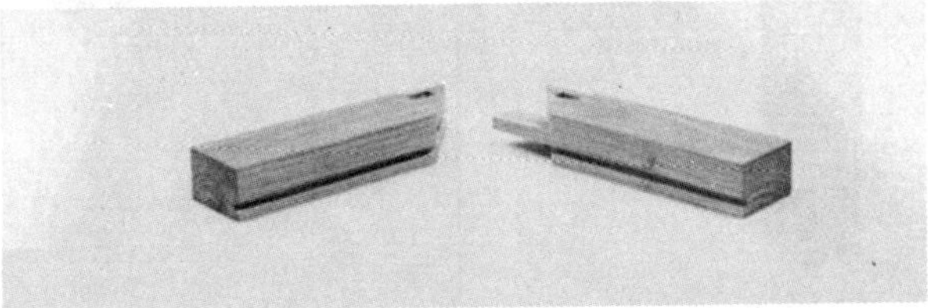

9. 高束腰抱肩榫	

10. 挂肩四面平榫	

11. 圆柱丁字结合榫	12. 圆方结合裹腿
13. 圆柱二维直角交叉榫	
14. 圆香几攒边打槽	
15. 攒边打槽装板	

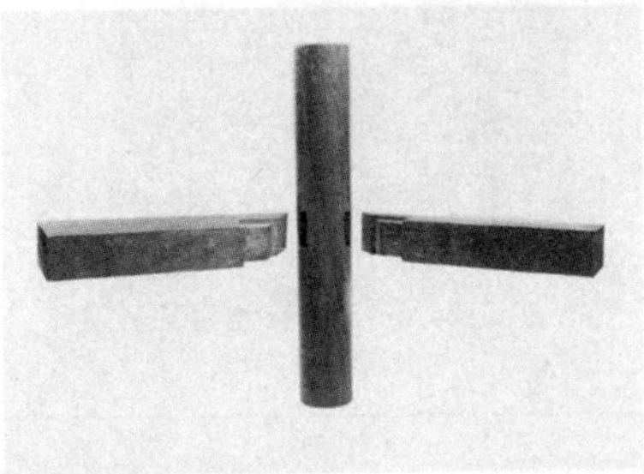

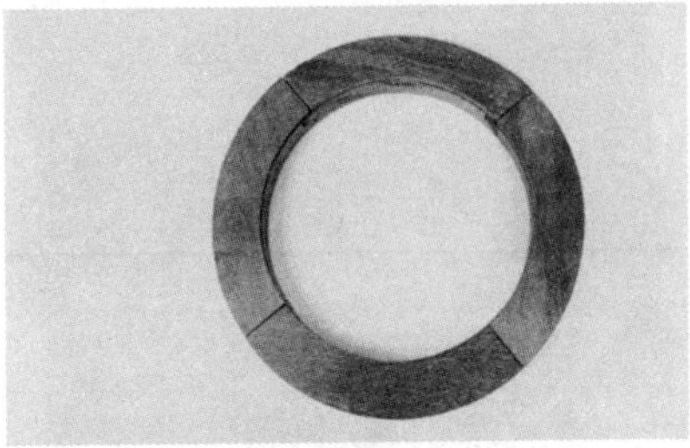

16. 一腿三牙方桌结构

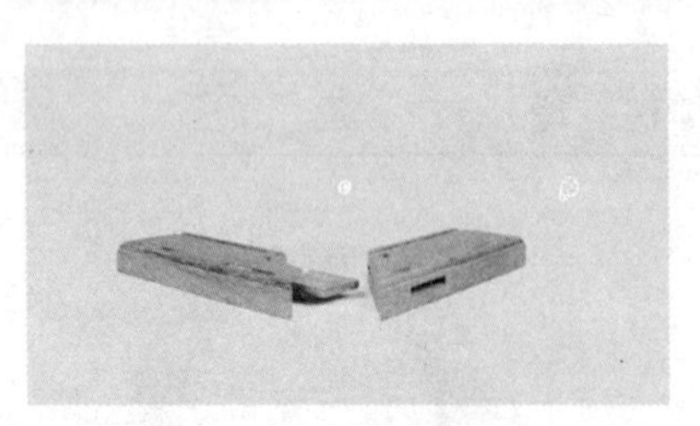

17. 抄手榫	
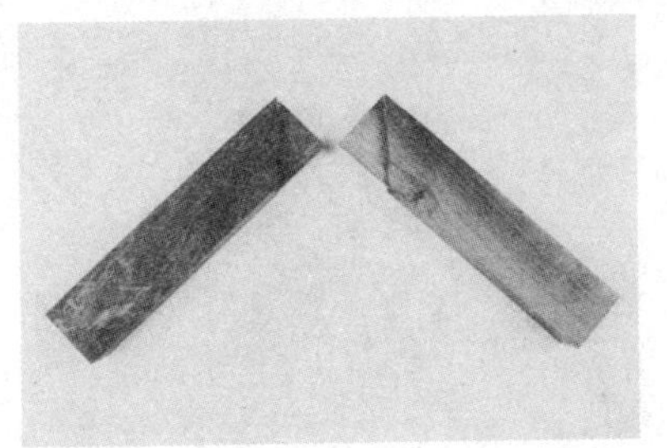	

18. 方材角结合床帷攒接万字	

19. 方形家具腿足与方托泥的结合	

	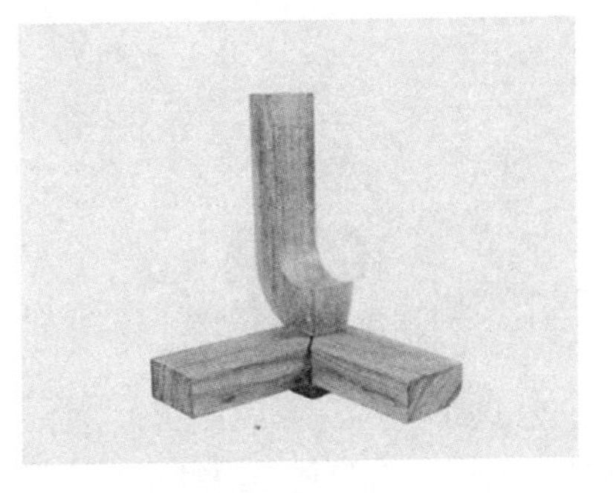

20. 三根直材交叉	

21. 加云子无束腰裹腿杌凳腿足与凳面结合	

22. 插肩榫变形	

23. 平板明榫角结合		

24. 柜子底枨	

25. 方材丁字结合（榫卯大进小出）	

26. 厚板闷榫角结合	
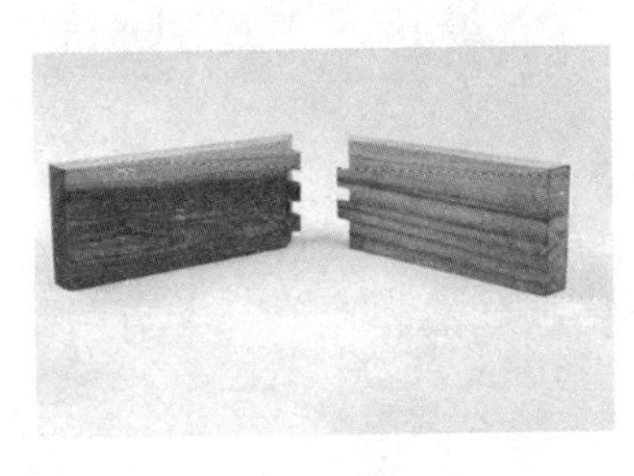	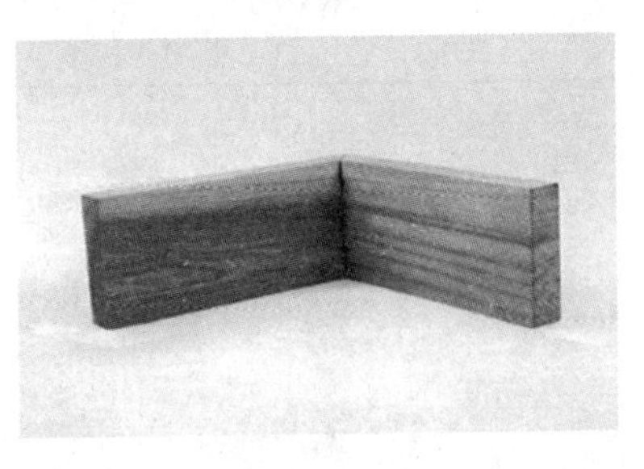

27. 厚板出透榫及榫舌拍抹头	
28. 椅盘边抹与椅子腿足的结构	29. 直材交叉结合

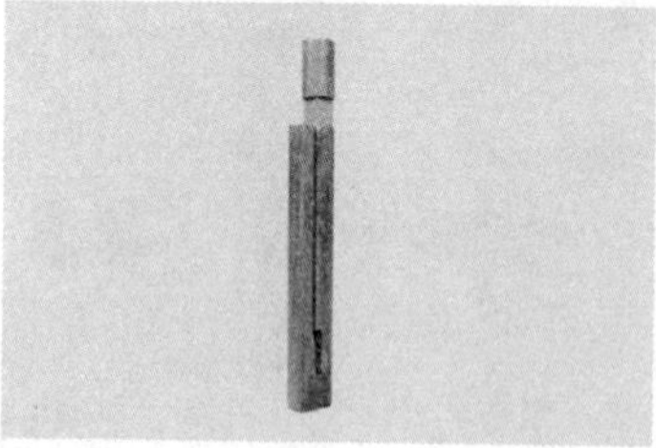

30. 弧形直材十字交叉	
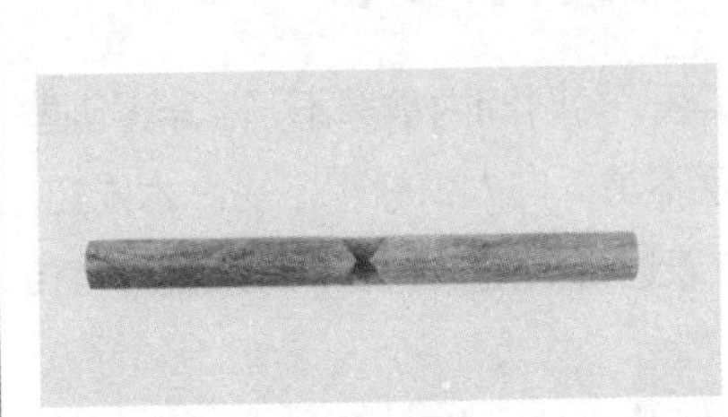	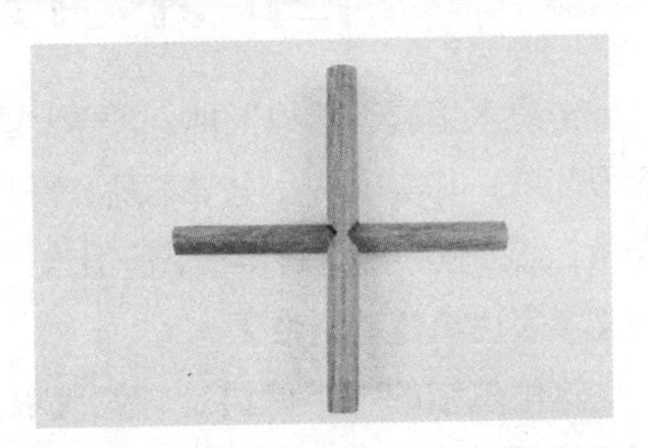
31. 走马销	

32. 方材丁字形结合榫卯用大格肩	

33. 燕尾榫	

四 木工谚语解读

传统木工属于熟练工种，需要大量的实践，短时间内掌握不了。斧锯刨凿，看似简单，其实不然。上手不易，得心应手不易，向人请教也不易。木匠自己会做，怎么做心里清楚得很，但很难用语言表达得清楚又确切，可意会难言传，用文字表达清楚就更难了。

这里总结的木工谚语是一代代木工的经验之谈，朗朗上口，形象生动，好记好用，对我们学习传统木工大有裨益。需要特别注意的是，木工谚语虽是一代代木工的经验结晶，但也不是放之四海而皆准的真理，往往有适用的条件，在符合大前提的条件下才是正确的。

一、关于木工

长木匠，短铁匠，不长不短是石匠

这是一句形容旧时匠人在长期的生产实践中对于选料、配料的经验总结的谚语。用来说明不同的行业和加工对象的特点。

“长木匠”，是说木工用的材料都比较大，比较长。做出的成品也是又高又大。也说明木工配料及部分工序（如透榫的长度、橱门和抽屉等）要留有一定的余量，宁长勿短，宁大勿小。

“短铁匠”，是说铁匠用的材料比较短小。制作出来的产品也比较小巧。比如锄头，剪刀，铁锤。

“不长不短是石匠”，是说石匠用来雕刻雕琢的材料比木匠的料短小，比铁匠的用料又要大些。制作的作品也是不大不小。如，石碑，石狮子，石磨等。

类似谚语：木匠不怕长，铁匠不怕短。

木匠看尖尖，瓦匠看边边

这是一句评价木匠和瓦匠手艺优劣的谚语。

“尖”即角。层架的放样与制作，按切削角度安装刨刀。锛子的制作、锯齿的锉磨、家具做斜榫等，都会有各种各样的角。尖也指木工操作中割肩拼缝的质量，以此衡量其手艺的高低。榫接的好坏不仅反映出这一环节水平高低，同时也反映出木工在翻样、识图、选料、画线和加工等方面的知识和操作水平。可见这些角是木工技术的关键。

“边”即面。砖墙的四面、独立的砖垛、阴阳相交的夹面、抹灰等，无一不是考核瓦工手艺的关键。在相同的条件下，所谓的“边”成了衡量泥水匠工作质量高低的杠杆。

类似谚语：木匠怕摸，瓦匠怕看。

大木匠的斧，小木匠的锯

传统木工一般分三类，造房子的粗木工，也叫大木匠；做家具的细木工，也叫小木匠；箍桶做盆的叫桶匠，也叫圆木匠。

这句谚语讲的是不同类木匠的基本功。大木匠需要把圆木砍平，斧子及运斧的技能最重要。小木匠做的门窗、家具讲究榫卯正确、拼缝严密，因为这不仅影响外观，而且关系到内在的质量和使用寿命，所以常用榫接合中割肩拼缝的质量来评价小木匠手艺的高低。在刨、凿、锯、削等多项操作工序中，锯显得尤为重要。

小木匠的料，大木匠的线

刨料是小木匠重要的基本功。小木匠画线以料的两个大面为依据，这两面的料刨削得合格，以后的线才能划得准。线准，才能保证加工的精度。刨料要求直、方、平。单眼从料一端望向另一端，如为直线则直，验之合矩则方，观之成平面，直尺测之，与直边吻合。如此，料才合格。

大木匠以线为准。线有中线、水平线和尺寸线等。梁、枋柱、檩、椽等，都要先弹出中线，包括迎头十字中线和顺身中线等，然后根据中线操作。施工放样、大木构件画线时，还要弹出水平线和其他尺寸线。大木工程有了这些线才好施工。所以线是大木加工及施工作业中极为关键的一环。

一料二线三打眼

即衡量一个木工基本功的标准：刨料要平整、光滑、方正，画线要准确、正确，打榫眼要方正、垂直。

歪树直木匠

弯曲的木料，木匠去弯存直后，成为有用之材。木匠要合理选材，劣材巧用，提高木材的利用率。

木匠的斧子瓦匠的刀，单身汉的行李大姑娘的腰

这些都是不能够轻易碰的，形容匠人的工具是不轻易借给别人用的。

三年学艺，三月补艺，何时出艺，看你手艺

旧时木工拜师学艺要“三年一节”，三年中主要是锯刨凿砍打基础。满三年后再延长几个月到一个重要节日，这期间师傅才真正教徒弟画线放样、制作技巧等。

类似谚语：三年出师六年成，八年以后好营生。

二、木材

干千年，湿千年，干干湿湿两三年

这句话讲的是木材含水率与木材使用年限的关系。木材在非常干燥的情况下经久耐用；在特别潮湿的情况下也能经久耐用；但时而干燥、时而潮湿，含水率经常变化时，则其使用寿命会很短。

这是因为真菌在木材中的生存和繁殖须同时具备三个条件，即适当的水分、空气和温度。当木材的含水率在35%～50%，温度在25℃～30℃，木材中又存在一定量空气时，最适宜腐朽真菌繁殖，木材最易腐朽。木材完全浸入水中，因缺空气而不易腐朽；木材完全干燥，亦因缺水分而不易腐朽。相反，在时而干燥时而潮湿的环境中，同时满足了腐朽真菌繁殖的三个条件，木材就很快腐朽了。

高搁千年枫，水中万年松

这句的意思是：枫木如果搁在高处，可以一千年不朽；松木如果放在水里，可以一万年不烂。因为枫木不沾水很牢，一见水就朽；而松木浸泡在水中很久也不会腐烂，但露出水面的部分很容易朽烂。

类似谚语：水浸千年松，日晒万年樟。

横挑千斤竖顶万
这句话是指木材不同方向的承受力不一样。木材横向与纵向的承载力大约是 1 ： 10，要特别注意横向受力的大小。

干枫湿柳，锯匠对头
这句指干的枫木、湿的柳木，都很难开料，耗工费力。
类似谚语：干枫湿柳，木匠见了就走。

干砖不上墙，湿木不做门
干砖直接上墙，会吸收水泥、黄沙中的水分，造成起鼓和空裂，所以要浸泡后上墙。木材在干燥过程中容易变形，做家具要选干透的木料。

三、工具及使用

（一）斧

快锯不如钝斧	
用斧子砍边，木料纹理较直时，三两下就可将边砍成，效率比锯高。	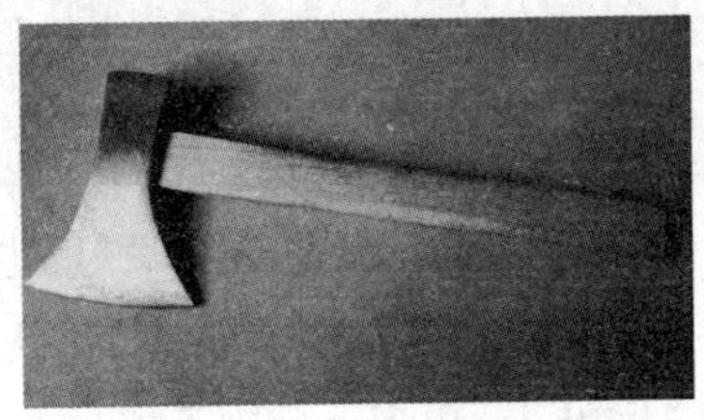 斧

一世斧头三年刨
这句谚语说明要掌握刨子使用技术不容易，耍好斧子比用好刨更难。
类似谚语：千日锛，百日斧，要学大锯一早晨。

辨木理，砍顺茬
砍料前要看清木材的纹理，从顺茬的方向下斧。

（二）锯

拉锯如抓痒

拉锯要不急不躁，轻轻地一下一下有节奏地拉。
使用锯子要稳、轻、直。

类似谚语：鞭打快牛，锯使两头。

类似谚语：稳提稳下，不要硬杀。

类似谚语：轻来轻去，不要狠锯。

类似谚语：稳、轻、直一条线。

齿要尖，料要匀，使用不费力

锯齿锋利，料路均匀，这样的锯子才好使。

类似谚语：轻提条，欢杀锯，锯锯不跑空。

提锯时要轻，送锯时要相对用力。

若要不跑线，两线并一线

锯料时要仔细看，使锯条与墨线重合。

（三）刨

立一卧九，不推自走；立一卧八，费力白搭

这句话指的是刨刃与刨底的角度。直角三角形的垂直边是一寸的话，水平边是9分，刨刀安在斜边上。两条直角边1 ：0.9时角度为48.01° ，1 ：0.8时为51.34° 。角度小，刨子能吃上力，使用比较省力，但容易戗茬；角度大，推起来费劲，但不容易戗茬。立一卧九 48° 的刨适合刨硬木，刨软木的常常是立一卧一 45° 。日式拉刨有 35° 的，刨软木顺畅，在硬木不好用。净刨角度大约 50° ，容易戗茬。日式和欧式刨中都有 90° 直立刨刀的光刨，起刮削作用。

调整刨刀一条线，不歪不斜成一线

刨刃露出刨底一条线，并且与刨底平行，不歪斜。

认表里，辨木纹，不戗槎来不费力

刨料前，要辨别木材的表里和木纹，顺纹刨，避免戗茬。

要刨面，先冲线，先高后低刨平面

先刨凸出的部分，后刨凹下的部分，大致平整后再按墨线通长刨削。

前要弓，后要绷，肩背着力往前冲

在前的左腿要稍弯曲，在后的右腿要绷直，用力后蹬，双肩两臂和手腕同时发力向前推。

类似谚语：前腿儿弓，后腿儿蹬，硬着腰杆儿挺着胸，利刨如扎枪，不摇不摆照直攮。

推刨如撼山

刨推出后，两只胳膊要伸直，刚健有力。不管木材有多硬，都要推过去。

端平刨子，走直路子

起始和终端，刨子都要端平，不能仰头和低头。刨身方向要与木料轴线一致。

长刨刨得叫，短刨刨得跳

锋利的刨刀配好长刨，爽利推刨时，会发出啸啸声；短刨，就是在木板面欢快地跳跃。刚学徒时不会用长刨，师父教道：“你像狗伸懒腰那样刨就行。”

刨木手法

刨削后的木材

低头的刨子抬头的锯

木工案子要平整，前脚低一些，刨料省力气。锯相反。

（四）凿

前凿后跟，越凿越深

对凿榫眼方法的描述。

一斧一摇，三斧拔凿；三斧不摇，双手拔凿

凿眼要打一下，晃一下凿子。不晃不拔，凿子会被卡住。

类似谚语：打眼活，学晃凿，晃凿找线出活好。

开榫眼，凿两面，先凿背面再正面

贯通榫眼，两面画线。

四、榫卯

锯半线，凿半线，合在一起整一线

这句话指出了制作榫卯的要点。锯去榫头墨线的一半宽度，凿去榫眼墨线的一半宽度，结合时就密合平正。

类似谚语：榫不留线眼留线，合在一起整一线。

硬木齐线锯，软木外高里低差一锯

锯榫肩的要求。这样的榫卯结合紧密。

一分紧十分牢，十分紧一分也不牢

榫卯结合的松紧要适当，过紧会撑爆榫眼。

紧车卯子，跶拉房，桌椅板凳手按上	 榫 卯
不同木制品对榫卯的松紧程度有不同要求。木轮车的榫卯要很紧，房子的榫卯要松，家具的榫卯，以组装时手用力能够将榫卯合上为宜，不能太紧，也不能太松。	

五、家具制作

大木留墨一朵花，细桌留墨成冤家

造房子，工件上的记号和线痕要留着；做家具，在装配前要用净刨刨去表面的线迹和污迹。

细木差分，大木差寸，砌石无数算

不同的活，对精度要求不一样。

千工怕一斗

"斗"即斗合，拼装之意。家具斗合时，累积的误差或失误就会暴露出来。还有一层意思是，家具斗合时，容易出问题，要小心谨慎。

春制家具暑不做

做家具要注意空气湿度，湿度大的时候做的家具，木材收缩后榫卯容易松动。

桌一凳二

做传统的八仙桌和条凳，桌斜一分（腿的斜度为 10%），凳斜两分（腿的斜度为 20%）。

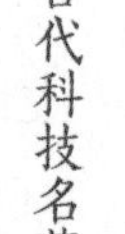

凳三算九

确定传统条凳榫眼位置的方法，即凳长 3 尺，3 乘 3 得 9（寸），再把 9 除 2 等于 4 寸半，从端面两头往里 4 寸半（凳长的 15%）开始画榫眼线；宽度方向与此同。

木匠不倒棱，漆匠吓掉魂

不倒棱的家具，难做油漆，也容易损坏。传统家具一般要用倒棱刨把棱倒成小圆弧，眼看一条直线，手摸圆润光滑。

手工做家具，需要自己做油漆，不仅要倒棱，最好在组装前把部件基本打磨到位，可以省很多事。

类似谚语：图绳没刨棱，漆司汗淋淋。

六、磨刀

粗磨口，细磨刃，背上几下是快刃

粗磨石用来开刃和磨崩口，细磨石把刃口磨出稍有卷刃，再翻过来在浆石上拖几下磨去卷刃，刀口就锋利了。

磨刨刃，定角度，来回研磨走直路

磨刀要固定角度，前后直线运动，不可上下晃动，磨出弧形。

凸刨子，凹凿子

刨刃（主要指粗刨，也就是二虎头的刨刃）磨得应中间略鼓，凿子刃口应磨得中间略低或是平直。

石头磨得两头妥，和别人好和伙；石头磨得两头翘，手艺再好没人要

“妥”意为凹，是指磨刀的时候不可以图方便总是磨中间，越到后来越不好用。手艺人应养成好习惯。